La nariz de Charles Darwin y otras historias de la neurociencia

José Ramón Alonso

La nariz de Charles Darwin y otras historias de la neurociencia

SEGUNDA EDICIÓN

LIBROS
EN EL
BOLSILLO

www.almuzaralibros.com
info@almuzaralibros.com
Síguenos en @AlmuzaraLibros

Impreso por Black Print
Libros en el bolsillo: Óscar Córdoba

I.S.B.N: 978-84-16750-55-9
Depósito Legal: CO-82-2022

Código BIC: PDZ
Código THEMA: PDZ; PSAN
Código BISAC: SCI000000

Impreso en España - *Printed in Spain*

A Manuel Manso y Antonio Muro.

Índice

Presentación

El cerebro es la estructura más maravillosa del Universo y, también, la más importante para nosotros. En él residen nuestro pasado, nuestra memoria, nuestro presente, nuestra personalidad, ideas y sentimientos, y nuestro futuro, nuestros proyectos, nuestros objetivos, nuestros sueños...

La Ciencia es una de las actividades más fascinantes de la Humanidad. Combina pasión y aventura, fracasos deprimentes y éxitos arrebatadores, hay héroes y villanos, personas divertidas y sabios extravagantes, investigadores obsesivos con el trabajo y auténticos bon vivants. *Hay amor y asesinatos, hay política, religión, batallas, hay dinero y gloria y muerte en la oscuridad. La Ciencia marca nuestra vida presente pero no llegamos a los descubrimientos actuales mediante un proceso ordenado y aséptico. Es una actividad humana y por lo tanto, plena de las grandes virtudes y los vicios de esta especie de primates de pelo fino que somos nosotros. Al pensar en la Ciencia, en la ciencia más deslumbrante, la que produce los resultados más valiosos, solemos imaginar grandes ordenadores, instalaciones gigantescas, y equipos sofisticados. Pero toda esa Ciencia la realizan personas que usan una herramienta mucho más poderosa, flexi-*

ble y potente que cualquier artilugio que hayamos fabricado, usan el cerebro humano.

El estudio del cerebro, la Neurociencia, es la disciplina científica más atractiva en estos momentos. Cada vez entendemos más sobre cómo interpretamos el mundo, las enfermedades que nos afligen, dónde reside la consciencia y el amor, cuál es el sustrato del potencial único de la especie humana para sentir, pensar, crear y soñar. Así que anímate a explorar ese misterio, ese universo de kilogramo y medio de peso que es el cerebro humano.

José Ramón Alonso

El síndrome del zombi

Si elaboráramos una lista de las enfermedades mentales más raras, entre las situadas en lo más alto del listado figuraría el síndrome de Cotard. Se le llama también síndrome del zombi, delirio de negación o alucinación nihilista.

El síndrome del zombi se produce cuando una persona cree que ha fallecido, que no existe, que su alma le ha abandonado y su cuerpo está pudriéndose o ha perdido un órgano vital o toda la sangre. Según V.S. Ramachandran, el síndrome de Cotard «*es una enfermedad en la que un paciente afirma que está muerto, clamando que huele a carne podrida o que tiene gusanos deslizándose sobre su piel.*» Se ha relacionado con otros trastornos del sistema nervioso como la esquizofrenia, la depresión o el trastorno bipolar. Algunas personas con este síndrome pierden el contacto emocional con el mundo y pueden tener comportamientos suicidas porque al estar «muertos» nada cambia si ponen en peligro su vida y, por creer que ya murieron, se consideran inmortales.

El síndrome fue descrito por Jules Cotard, un neurólogo francés, en 1880. La primera paciente fue una mujer de 43 años que decía no tener «*ni cerebro, ni nervios, ni pecho, ni entrañas, tan solo piel y huesos*». Cotard concluyó que este trastorno era una variante de un estado depresivo exagerado mezclado con una melancolía ansiosa. Tras su descubrimiento, muchos médicos se referían a él como el «delirio de Cotard».

No se sabe cómo se inicia y parece que hay dos niveles distintos: en uno afectaría más a la imagen corporal («el cuerpo está muerto»); en el otro, a la imagen espiritual, («el pacien-

Retrato de René Descartes. [*Library of Congress,* Washington, D.C., USA]

René Descartes (Francia, 1596 - † Estocolmo, 1650). Autor de la famosa sentencia «*cogito ergo sum*» («pienso, por lo tanto existo»), es considerado por muchos el padre de la filosofía moderna; pero a veces olvidamos que fue también uno de los personajes más destacados de la revolución científica. Aplicando la primera regla de su conocido «Método» para encontrar una evidencia indubitable, Descartes defendía que debíamos eliminar todo lo que pudiera generar «duda», para lo que estableció tres peldaños: *Primero* citando errores de percepción de los que todos hemos sido víctimas (objetos lejanos, condiciones desfavorables...). *Segundo* señalando el parecido entre la vigilia y el sueño (para así ahondar de nuevo en las «falsas imágenes» mentales). Y *tercero,* imaginando la existencia de un ser superior —al más puro estilo *Matrix*—, un ser maligno capaz de manipular nuestras creencias; capaz de provocar fantasías en nuestra mente, para luego hacernos creer que son ciertas...

te ha perdido su alma»). No es solo una rareza, sino que nos abre una puerta a algunos de los temas más solemnes de la Neurociencia. ¿Por qué sabes que estás vivo? La primera respuesta es mirarnos en un espejo o intentar vernos como nos ven los demás, desde fuera. Movemos una mano y nos explicamos que si podemos hacerlo, es porque estamos vivos. Pero esa información solo llega por nuestra consciencia, por los datos que nuestro cerebro recoge del exterior y el interior, y si esa integración de información, pensamientos o memoria fallase, quizá no sabríamos si estamos vivos o muertos. Cuando hablas tomando un café sobre estas «historias», te preguntan si esas personas llegan a casarse, si piensan que tienen una tumba, si van a visitarla, si se nace con este síndrome... Al mismo tiempo es interesante cómo nos afecta a los que estamos sanos y nuestra incomodidad al pensar cómo demostrar que es verdad, que no sufrimos una ilusión, que realmente estamos vivos. La consciencia de los humanos es una de nuestras capacidades más misteriosas. No sabemos dónde reside, ni cómo funciona, pero nos consta que es la única explicación de que sepamos que «yo soy yo». Y estoy vivo.

Las personas con síndrome de Cotard experimentan algunos cambios cerebrales y mentales llamativos: tienen una atrofia cerebral marcada en el lóbulo frontal medial, se desconectan visualmente, no tienen memoria emocional de los objetos ni del mundo que les rodea. Se piensa que en el síndrome de Cotard intervienen distintos componentes cerebrales. Además de la corteza cerebral, estaría la amígdala, relacionada con las respuestas emocionales, con las secreciones hormonales, con las reacciones del sistema nervioso autónomo asociadas con el miedo o con el llamado «*arousal*», un término inglés de difícil traducción y que implicaría alerta, excitación, interés. La amígdala y sus conexiones con el hipocampo intervienen en el aprendizaje, la memoria y las emociones. Estas dos partes del sistema límbico colaboran con el septo y los ganglios basales. Se dice que el sistema límbico sería el centro de control de las pequeñas cosas que dan sentido y satisfacción a la vida, la región de las pequeñas alegrías. La amígdala sería el guardián de las emociones, de nuestras respuestas asociadas a ellas y de nuestra sensación favorita, la excitación, las cosas que nos hacen animarnos y estimularnos, nuestra razón preferida para estar vivos.

Los zombis ofrecen una imagen pública desastrosa. Su aspecto resulta bastante desagradable, andan con dificultad, con los brazos extendidos y haciendo ruidos guturales y su mayor interés parece ser perseguir adolescentes y jovencitas, preferentemente norteamericanas. En esto último se parecen a algunos de mis estudiantes. Pero el significado de un zombi es mucho más profundo que esas visiones planas con que nos entretienen en nuestras pantallas pequeñas y grandes. Ese ser forma parte de la cultura vudú. La palabra probablemente procede del vocablo angoleño «*nzambi*», que significa «espíritu de una persona muerta». Los zombis son supuestamente humanos sin alma.

En las ceremonias haitianas de vudú se utiliza un «polvo zombi» que podría ser una neurotoxina poderosa que bloquea las terminaciones nerviosas, según Wade Davis, antropólogo, botánico y etnólogo de Harvard. La avispa esmeralda, *Ampulex compressa,* inyecta un veneno en el sistema nervioso de las cucarachas; después guía al insecto (drogado por la neurotoxina) a su madriguera, donde planta sus huevos en el abdomen de la infortunada víctima. La inyección del tóxico hace que la cucaracha no se mueva (hipocinesia) y cambie su metabolismo para almacenar más nutrientes. Todo ello, para que cuando las larvas de la avispa nazcan tengan comida y devoren a la cucaracha que, por cierto, se mantiene viva durante todo el proceso. Esto sí que es una historia de terror y no *The walking death*.

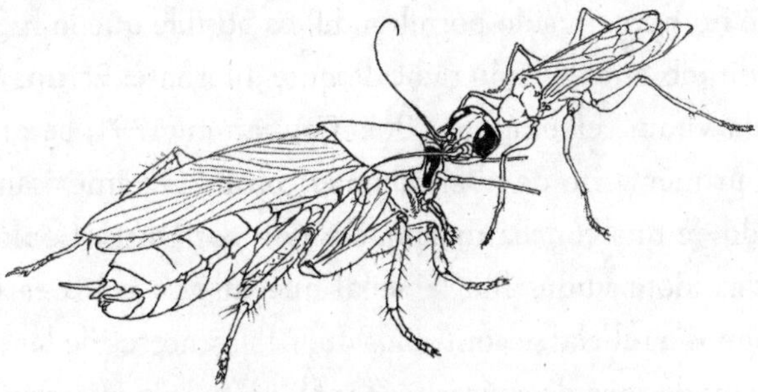

Un imago de avispa esmeralda (*Ampulex compressa*) atacando a una desafortunada cucaracha.

El vudú es una religión, una visión espiritual de gran complejidad acerca del mundo. Parte de ideas religiosas de origen africano, transportadas a América en la época de la esclavitud, y recibió la influencia de otras tradiciones y creencias, incluido el cristianismo. El vudú se basa en una relación dinámica entre el mundo material y el mundo espiritual. Los vivos dan lugar a los muertos, los muertos se transforman en los espíritus y los espíritus encarnan las múltiples expresiones de lo divino. Cada ser humano tiene tanto un cuerpo físico como un alma o espíritu y en la muerte los dos se separan. El espíritu se aparta del mundo físico y pasado un tiempo, en Haití normalmente un año y un día, debe ser reclamado ritualmente por un sacerdote. En los rituales vudú, los espíritus son convocados y respondiendo al poder de la oración, el alma de un ser vivo puede ser temporalmente desplazado de forma que esa persona y Dios se convierten en un solo ser. Es la posesión espiritual, el momento supremo de la gracia divina. Según los haitianos, nosotros vamos a la iglesia y hablamos sobre Dios, quizá con Dios. El practicante del vudú baila en el templo y se convierte en Dios.

Si no hubiera sido por el vudú, es posible que la historia del mundo hubiera sido radicalmente diferente. En una ceremonia vudú, celebrada en Bois Caïman en 1791, se produjo el primer grito de libertad en el continente americano. El sonido de una concha marina emitido por Dutty Boukman, un sacerdote vudú, fue la señal que inspiró a los esclavos haitianos a rebelarse contra los dueños franceses de las plantaciones de caña de azúcar y de café. En toda la Historia, ésta fue la única revolución de esclavos que tuvo éxito y consiguió la libertad y el dominio del país.

En la cúspide de su poder, Napoleón preparó la mayor armada que ha salido nunca de los puertos franceses, con 40.000 soldados a bordo. Su misión tenía dos partes: aplastar la revuelta de los esclavos haitianos y navegar río arriba el Misisipí para volver a establecer un dominio francés sobre los territorios que treinta años antes, en el tratado de París, se habían convertido en la Norteamérica británica. La guerra fue un rosario de masacres y atrocidades, intentando los franceses mantener el control mediante el terror y siendo pagados con la misma moneda. Los patriotas haitianos, la malaria y la fiebre amarilla detuvieron la fuerza expedicionaria francesa que nunca llegó a Nueva Orleáns, y Napoleón, inmerso en una nueva guerra con los británicos, decidió vender la Luisiana a los Estados Unidos y olvidarse de dominar aquel subcontinente. Si no hubiera sido por aquellos creyentes en el vudú, es posible que el idioma materno del presidente de los Estados Unidos fuera hoy el francés.

En 1915, los marines americanos invadieron Haití, creándose un protectorado que duró *de facto* hasta 1934. A la vuelta, sus relatos sobre la cultura vudú inspiraron a los estudios de Hollywood para incluir un nuevo personaje en las películas de terror: el zombi. Y de ahí a Michael Jackson bailando *Thriller* solo hubo un paso.

📖 PARA LEER MÁS:

- Haspel G, Gefen E, Ar A, Glusman JG, Libersat F. (2005) Parasitoid wasp affects metabolism of cockroach host to favor food preservation for its offspring. J Comp Physiol A Neuroethol Sens Neural Behav Physiol. 191: 529-534.
- Joseph AB, O'Leary DH. (1986) Brain atrophy and interhemispheric fissure enlargement in Cotard's syndrome. J Clin Psychiatry. 47(10):518-520.
- http://blogs.qc.cuny.edu/blogs/consciousness/aoral/2009/04/introduction_to_cotard_syndrom.html

📖 PARA LOS MÁS ATREVIDOS:

- Max Brooks (2008) *Guerra Mundial Z*, Editorial Almuzara.

Batalla en Santo Domingo, por January Suchodolski (1797 - † 1875)

Primero de julio de 1804. Haití gana la libertad. Los esclavos y otros oprimidos en Haití, colonia francesa, se levantaron contra sus amos. Toussaint L'Ouverture se convirtió en el líder y tomó el control de la isla, liberando a los esclavos africanos.

La nariz de Charles Darwin

Charles Darwin es, para mí, el científico más sobresaliente de la Historia. La Teoría de la Evolución no sólo es uno de los ejes de la Biología moderna, sino que cambió también nuestra relación con Dios, nuestra concepción del mundo y nuestra visión del hombre, de nosotros mismos. Junto a su talla única como científico, me gusta también el Darwin persona. Perdió a su madre con ocho años y su padre, un médico con un gran interés por la Psiquiatría, molesto con sus notas mediocres, le auguró: «*De lo único que te preocupas es de andar dando gritos, de los perros y de cazar ratas y serás una desgracia para ti y para toda tu familia.*» Afortunadamente se equivocó en sus presagios y Charles Darwin fue también un buen padre, un buen marido y un abuelo maravilloso.

Darwin empezó la carrera de Medicina para congraciarse con su padre, pero la visión de la sangre y el dolor —contempló una operación quirúrgica a un niño en aquellos tiempos en los que no existía anestesia— le hizo abandonar, aterrado, esa carrera. Siguió con Derecho, pero encontró el estudio de las leyes tremendamente aburrido y, finalmente, se graduó en Teología en Cambridge, con lo que una vida tranquila como vicario rural parecía todo su futuro. Sin embargo, a los veintidós años se embarcó en el bergantín Beagle para el viaje más famoso que ha existido entre el de las tres carabelas españolas y aquel que culminó cuando Neil Armstrong bajó del módulo Eagle y pisó el Mar de la Tranquilidad. El viaje del Beagle duró cinco años y dos días. Darwin jamás volvió a salir de su país.

El capitán del Beagle, Robert FitzRoy, tenía solo un año más que Darwin, pero un carácter muy diferente, con grandes cambios de humor, y desgraciadamente acabó suicidando por una depresión. FitzRoy quería un «caballero acom-

pañante», un compañero de mesa con educación (para que tuviera una conversación amena), con formación religiosa (pues quería combinar el encargo del Almirantazgo de cartografiar las costas de la América meridional con encontrar pruebas para una interpretación literal de la Biblia) y que fuera un caballero (pues él no podía rebajarse a compartir su pequeño camarote con alguien inferior). A la vuelta, Darwin publicó la historia de aquella larga travesía, *El diario del viaje del Beagle,* un libro que le dio fama como naturalista y como ameno escritor de divulgación científica. Trabajan-

Foto en página anterior: *Retrato de Robert FitzRoy a los 55 años de edad, la época en que tuvo lugar el «Debate de la evolución de Oxford».*

Robert FitzRoy (Suffolk, 5 de julio de 1805 - † Surrey, 30 de abril de 1865) obtuvo gran fama por haber comandado el HMS Beagle durante el famoso viaje de Charles Darwin alrededor del mundo. Vicealmirante de la Marina Real Británica fue uno de los primeros meteorólogos modernos, llegando a ajustar enormemente las predicciones del tiempo atmosférico. Gobernó Nueva Zelanda entre 1843 y 1845. Su amistad con Darwin se torció cuando *El origen de las especies* fue publicado. Se sintió traicionado y culpable —en parte— por haber ayudado al desarrollo de la teoría. Siete meses después de la publicación del libro —en junio de 1860—, tuvo lugar en la Universidad de Oxford el conocido «Debate de la evolución». Un grupo de los más reputados científicos y filósofos británicos del momento, entre los que estaban Joseph Dalton Hooker, Samuel Wilberforce, Thomas H. Huxley, Benajamin Brodie y el propio FitzRoy, se congregaron para disputar y debatir sobre la revolucionaria teoría de Darwin. Durante el intenso coloquio FitzRoy, de profundas creencias religiosas, atacó la obra con fiereza y levantando una enorme Biblia primero con las dos manos y luego con una de ellas sobre su testa, imploró a la audiencia *«que creyeran en Dios en lugar del hombre»*. Antes de su desgraciada muerte, este increíble marino había agotado toda su fortuna en gastos públicos. Su buen amigo Bartholomew Sulivan convenció al gobierno que entregara a su viuda un fondo de tres mil libras esterlinas, por los grandes servicios que FitzRoy había prestado a la corona; Darwin agregó otras cien libras más.

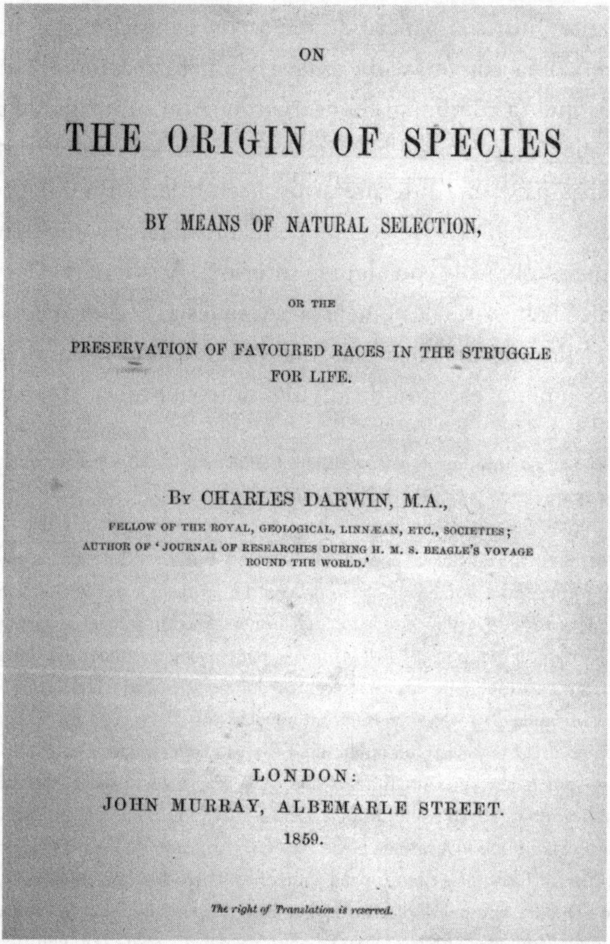

ON

THE ORIGIN OF SPECIES

BY MEANS OF NATURAL SELECTION,

OR THE

PRESERVATION OF FAVOURED RACES IN THE STRUGGLE FOR LIFE.

BY CHARLES DARWIN, M.A.,

FELLOW OF THE ROYAL, GEOLOGICAL, LINNÆAN, ETC., SOCIETIES;
AUTHOR OF 'JOURNAL OF RESEARCHES DURING H. M. S. BEAGLE'S VOYAGE ROUND THE WORLD.'

LONDON:
JOHN MURRAY, ALBEMARLE STREET.
1859.

The right of Translation is reserved.

El origen de las especies por medio de la selección natural, o la preservación de las razas favorecidas en la lucha por la vida(título original: *On the Origin of Species by Means of Natural Selection, or the Preservation of Favoured Races in the Struggle for Life*). Publicado el 24 de noviembre de 1859 fue el precursor del fundamento de la teoría de la biología evolutiva. En su sexta edición de 1872, el título fue modificado a *El origen de las especies* (*The Origin of Species*). La sexta edición fue traducida al español en 1877 por Enrique Godínez y Esteban y Antonio Zulueta.

do con los especímenes recogidos y sus notas, la evolución fue tomando forma en su mente, pero sabía que significaba un reto frente a la interpretación literal de la Creación en la Biblia, la visión aceptada por muchos de sus colegas y su propia esposa, Emma. Finalmente en 1856 decidió escribir un libro que se titularía *Selección Natural* y que habría de tener unas 3.000 páginas.

Dos años más tarde, Alfred Russell Wallace mandaba desde Asia a Darwin un manuscrito con su propia teoría de la evolución. Darwin, angustiado, lo remitió a Charles Lyell y Joseph Hooker, dos científicos amigos suyos, sugeridos por Wallace y que le habían estado urgiendo para que publicara sus ideas y observaciones. Los dos hombres, preocupados por Darwin y al mismo tiempo con un deber moral con Wallace, organizaron que unos resúmenes de los trabajos de ambos investigadores se presentaran el mismo día en una reunión de la Sociedad Linneana. Ninguno de los dos asistió: Wallace seguía en Malasia y Darwin estaba enterrando ese día a uno de sus hijos, Charles, que había muerto a los 19 meses de escarlatina. Con el trabajo de Wallace ya encima de la mesa, Darwin trabajó día y noche en un libro más corto que se tituló *Sobre el origen de las especies por medio de la selección natural, o la preservación de las razas favorecidas en la lucha por la vida*. Esta obra, de «solo» 490 páginas, en la que Darwin evitó todo lo que pudo las palabras «evolución» y «evolucionar», se publicó a finales de 1859 y se convirtió en un *best seller* con un enorme impacto no solo en la comunidad científica. Las primeras 1.250 copias se agotaron en el primer día de venta y se hicieron inmediatamente varias reediciones... la envidia de cualquier escritor.

Al principio, Darwin no entró en mucho detalle en cómo sus teorías afectaban por ejemplo al comportamiento humano, pero ésta, la nuestra, es la especie más cercana, la que más nos interesa, aquélla de la que más sabemos. No le había dado tiempo a incluir todas sus ideas en el libro anterior así que en 1871 Darwin publicó *La descendencia del hombre y la selección en relación al sexo* seguido en 1872 por *La expresión de las emociones en el hombre y los animales*. Este último libro se centraba en el origen animal de la vida emocional humana. La traducción española se publicó en 1902. En *La descendencia del hombre* Darwin argumentaba que los humanos proveníamos de antecesores con aspecto animal. Basado en sus ideas de parentesco, concluía que los humanos debíamos compartir algunas emociones con otros mamíferos, o ellos con nosotros. Darwin, que tenía un gran cariño a los perros, como le criticaba su padre, decía que un perro puede sentir celos cuando su dueño presta atención a otro perro. Del mismo modo, estaba convencido de que los perros mostraban otras emociones supuestamente humanas, como estar avergonzado, o sentir orgullo o, incluso, tener algo parecido al sentido del humor cuando le pides un objeto con el que está jugando y remolonea, mientras te mira de reojo con algo parecido a una sonrisa. Para Darwin la diferencia entre el hombre y los animales en lo que hace referencia a las emociones básicas, era algo cuantitativo no cualitativo. Es decir, tendríamos emociones parecidas pero en distinta medida. Esto chocaba con lo que defendía el experto en expresión de las emociones hasta ese momento, Charles Bell, que en su obra *Anatomía y Filosofía de la Expresión* (1824) indicaba que había músculos en nuestro rostro creados por Dios para expresar sentimientos exclusivamente humanos, algo que no encajaba en las ideas de Darwin. Su libro sobre la expresión de las emociones fue su respuesta.

Darwin planteó este libro unas técnicas muy novedosas por ello ocupa un lugar destacado en la historia editorial. Realizó un cuestionario que recibió respuestas de todo el mundo para conocer las posibles variaciones en la expresión de las emociones en distintos grupos étnicos y países. Encargó cientos de fotografías de bebés, niños y actores para estudiar esos gestos y sus similitudes con los que hacían los monos. Incluyó descripciones de pacientes psiquiátricos para ampliar qué sucedía cuando el cerebro no funcionaba bien y no tuvo reparos en incluir aspectos personales, de su propia vida emocional, como el sentimiento de pérdida que sentía y que tanto le afectó durante varias décadas.

Darwin mantuvo correspondencia con el neurólogo francés, G. B. A. Duchenne, que realizaba algo que ahora nos parece atroz: aplicaba descargas eléctricas en los músculos de la cara de personas para ver si esos espasmos inducidos ayudaban a comprender cómo se genera una sonrisa u otros gestos relacionados con nuestro estado de ánimo. Darwin incluso realizó un experimento en este sentido: en su casa, mostró una selección de las fotos hechas por Duchenne, sin la identificación y les pidió a 24 invitados describir la emoción que representaba cada imagen para elegir las más convincentes. Es quizá el primer estudio «ciego» en Psicología experimental.

Darwin escribió que las emociones básicas podrían caracterizar una especie, tanto como los huesos o los dientes. Partiendo de esta premisa, indicó que algunos actos expresivos debían ser el resultado de acciones adaptativas desarrolladas por su valor para la supervivencia de la especie. Por ejemplo, abrir los ojos de susto o de asombro puede deberse a que dilatar las pupilas permite al organismo asustado ver con más claridad. Gruñir y enseñar los dientes puede haber surgido del acto de morder y de la importancia de estos gestos para asustar a un oponente. La existencia de un grupo de gestos que transmiten emociones que demuestran un estado de ánimo, Darwin lo llamó el «principio de los hábitos asociados útiles.»

No todos los gestos relacionados con emociones encajan en esta idea. Tenemos movimientos expresivos que no tienen una utilidad evidente, sino que, por el contrario, parece que nos ponen en riesgo como, por ejemplo, bajar la mirada frente a un matón. Entonces Darwin propuso que algunos comportamientos pueden haberse incorporado a nuestro acervo común porque señalan lo contrario de un gesto fácilmente reconocible. Así, si un animal para marcar su afán de dominio eriza su pelo y muestra los dientes para parecer más grande y agresivo, un animal que quiera parecer dócil hará justo lo contrario: agacharse, encogerse, dejar caer los labios, bajar la cabeza, desviar la mirada un poco sin dejar de vigilar la situación, dejar el pelo fláccido. Este era su segundo grupo de gestos, el «principio de antítesis.»

El tercer principio tenía que ver con un sistema nervioso «sobrecalentado». Un estado de este tipo se vería en temblores, alteraciones del ritmo cardiaco, contorsiones de un cuerpo tenso, gestos forzados. Darwin describía esto en su discusión sobre la rabia

> *«Bajo esta poderosa emoción, el latido del corazón se acelera, o puede volverse irregular. La cara enrojece o*

Ilustraciones del libro *La expresión de las emociones en el hombre y en los animales* (*The Expression of the Emotions in Man and Animals*), publicado en 1872. Trata sobre la manera en que los humanos y los animales —aves y mamíferos principalmente— expresan sus emociones. Se considera la principal contribución de Darwin a la psicología. *La expresión de las emociones en el hombre y en los animales* es también —como *Alicia en el País de las Maravillas* (*Alice's Adventures in Wonderland*, 1865)— un hito importante en la historia de los libros ilustrados.

se ve amoratada al impedirse el retorno de la sangre, o puede ponerse pálida como un muerto. La respiración es trabajosa, el pecho se tensa y las narinas se dilatan y se estremecen. A menudo tiembla todo el cuerpo. Los dientes están apretados o rechinan y el sistema muscular está preparado para una acción violenta, casi frenética.»

A este tercer principio Darwin le puso un nombre un poco largo: «principio de las acciones debidas a la constitución del sistema nervioso, independientemente de la primacía de la voluntad e independientemente en cierta medida del hábito.»

Darwin insistió en que algunas expresiones de emociones humanas ya no tenían un valor de supervivencia evidente, por lo que los gestos de las emociones debían ser valorados y entendidos en función del papel que pudiesen haber tenido en el pasado.

«Algunas expresiones humanas, tales como el erizado del pelo bajo la influencia de un terror extremo o enseñar los dientes bajo el sentimiento de una rabia furiosa, pueden ser difícilmente entendidas, salvo bajo la creencia de que el hombre una vez existió en una condición muy inferior y parecida a la de los animales.»

Era por tanto un refuerzo adicional para su Teoría de la evolución.

Un factor substancial de su estudio es que Darwin demostró que las emociones se expresaban de manera similar en todos los humanos. Una sonrisa, un gesto de desprecio o llorar con la cabeza gacha transmitían el mismo mensaje independientemente de grupos étnicos, países, sexos o clases sociales. Esto es lo que cabía esperar si todos los humanos éramos un grupo único, descendiente de un ancestro común, una idea difícil de asumir en una época, la victoriana, en la que se intentaba vender la idea de que los negros eran seres intermedios entre el hombre europeo y un simio. Darwin, aún siendo hijo de su época y haciendo comentarios que hoy serían políticamente incorrectos, mostraba su aprecio a la persona negra que había sido su maestro en el arte de disecar animales.

El capitán FitzRoy estuvo a punto de rechazar a Charles Darwin como compañero de viaje porque no le gustó la forma de su nariz. Según recordaba Darwin años después, FitzRoy dudaba que alguien con esa nariz tuviese la fortaleza y la resistencia para aguantar un viaje de esa duración y esa dureza. Darwin, quien demostró tener más fortaleza mental que FitzRoy, superó el viaje; no ayudó a FitzRoy a encontrar pruebas de la literalidad de la Biblia, pero sí logró su objetivo. Se dice que su «causa sagrada» era la abolición y que un impulso fundamental para sus teorías era demostrar que todas las razas éramos parte de una misma familia, parientes entre nosotros, toda la Humanidad. Y es que todos sonreímos y lloramos por las mismas cosas y de la misma manera. Como Darwin demostró.

📖 PARA LEER MÁS:

- Darwin, C. (1984) *Autobiografía y cartas escogidas*. Alianza Editorial, Madrid.
- Darwin, C. (1984) *El viaje del Beagle*. 2ª ed. Ed. Labor, Barcelona.

- Finger, S. (1994) Theories of emotion from Democritus to William James. En: *Origin of Neurosciences. Oxford University Press,* Nueva York. pp. 265-279.

Retrato de Charles Darwin.
[*Library of Congress,* Washington, D.C., USA]

Dalí y el cerebro de Freud

Salvador Dalí, uno de los pintores más impactantes del siglo XX, consideraba que el verdadero artista tenía que tener una visión amplia y polifacética, como en el Renacimiento, preocupándose por todos los ámbitos del saber. Dalí era un ávido lector de libros y artículos científicos y tenía en su biblioteca numerosas obras de física, matemáticas, historia natural y biología. Sus cuadros incluyen temas tales como la energía atómica, la hélice del ADN o el ojo estereoscópico de la mosca. Para el congreso de la Sociedad Española de Bioquímica que se celebró en Madrid en 1971, preparó un cuadro en el que presentó el ADN como la escalera de Jacob que puede alcanzar el cielo e incorpora unos angelitos caracterizados como ARN mensajeros. Sus famosos «relojes blandos» se han relacionado con la Teoría de la relatividad de Einstein y su idea de que el tiempo no es una variable fija, aunque Dalí lo negó en un congreso científico de primer nivel celebrado en su castillo de Púbol. En 1935, Dalí se describió a sí mismo como un pez nadando entre «*las frías aguas del arte y las aguas calientes de la ciencia*».

A lo largo de su vida tuvo encuentros y conversaciones con algunos de los más famosos investigadores del mundo, buscando siempre cómo podrían imbricarse el arte y la cien-

El biólogo estadounidense, Premio Nobel en Fisiología y Medicina, James Dewey Watson (Chicago, 6 de abril de 1928), famoso por haber descubierto (en colaboración con el biofísico británico Francis Crick) la estructura en doble hélice de la molécula de ADN (Ácido desoxirribonucleico). Rosalind Franklin, James Watson y Francis Crick propugnaron en el año 1953 el modelo de la doble hélice de ADN. En cinco artículos en el mismo número de *Nature* se publicó la evidencia experimental que apoyaba el modelo de Watson y Crick. El artículo de Franklin y Raymond Gosling fue la primera publicación con datos de difracción de rayos X que apoyaba el modelo de Watson y Crick, y en ese mismo número de la revista *Nature* también aparecía un artículo sobre la estructura del ADN de Maurice Wilkins y sus colaboradores. Watson, Crick y Wilkins recibieron conjuntamente, en 1962, después de la muerte de Rosalind Franklin, el Premio Nobel en Fisiología y Medicina; pero el debate continúa sobre quién debería recibir crédito por el descubrimiento.

James Watson, Francis Harry Compton Crick y Maurice Hugh Frederick Wilkins.

cia. Se cuenta que James Watson, descubridor de la estructura en doble hélice del ADN, se dirigió al hotel St. Regis de Nueva York, en el que se hospedaba el artista, y le escribió esta nota: «*La segunda persona más brillante del mundo desea conocer a la más brillante*». Dalí seguía en esa interrelación ciencia-arte la estela de los artistas del Renacimiento, en especial de Leonardo da Vinci y, al igual que él, tuvo un gran interés por la descripción científica de la realidad, por la aplicación de las nuevas teorías descubiertas por la investigación en la pintura, y por reflejar no solo la realidad sino también los mecanismos mentales, en particular los procesos oníricos. Por eso, dentro de los científicos, había uno por el que Dalí sentía una especial atracción: Sigmund Freud.

En los años veinte, Dalí leyó la obra de Freud *La interpretación de los sueños* y entró en una nueva etapa pictórica, aplicándose los principios del psicoanálisis a sí mismo y convirtiéndose quizá en el más memorable de los creadores surrealistas. Freud consideraba que la sublimación de las pulsiones era la fuente de las creaciones artísticas y Dalí inventó el llamado «método paranoico-crítico» para alcanzar el subconsciente y desde allí aumentar la creatividad. Así comienza Dalí el capítulo «Cómo devenir paranoico-crítico» en su libro *Confesiones inconfesables*:

> «*Yo soy porque deliro, y deliro porque soy. La paranoia es mi misma persona, pero dominada y exaltada a la vez por mi conciencia de ser. Mi genio reside en esta doble realidad de mi personalidad; este maridaje al más alto nivel de la inteligencia crítica y de su contrario irracional y dinámico. Derribo todas las fron-*

Retrato de Sigmund Freud realizado por Ferdinand Schmutzer en el año 1926. Sigmund Freud (Moravia, Imperio austríaco (actualmente República Checa), 1856 - † Londres, 1939). Neurólogo austriaco, padre del psicoanálisis.

teras y determino continuamente nuevas estructuras de pensar.»

Breton y los demás surrealistas valoraban mucho la obra de Freud: liberar la palabra de las trabas de la censura de nuestra racionalidad, dar alas a la realidad psíquica que se manifiesta en los sueños, poner en cuestión los parámetros de lo que tanto en la vida social como en el arte se consideraba «realidad». El interés de Dalí por Freud aumentó al leer sobre la mente y la enfermedad mental y buscó un encuentro con él. En sus memorias relata sus visitas a Viena y su interés en conocerle personalmente:

> *«Mis tres viajes a Viena fueron exactamente como tres gotas de agua, faltas de reflejos que las hicieran brillar. En cada uno de estos viajes hice exactamente lo mismo: por la mañana, iba a ver el Vermeer de la colección Czernin, y por la tarde, no iba a visitar a Freud, porque invariablemente me decían que estaba fuera de la ciudad por motivos de salud.*
>
> *Recuerdo con dulce melancolía haber pasado esas tardes vagando al azar por las calles de la antigua capital de Austria... Al anochecer mantenía largas y cabales conversaciones imaginarias con Freud; hasta me acompañó una vez y permaneció conmigo la noche entera pegado a las cortinas de mi habitación del Hotel Sacher.»*

Posteriormente, Dalí describe el «descubrimiento» que ha hecho sobre el cerebro de Freud:

«Varios años después de mi último intento ineficaz de verme con Freud, hice una excursión gastronómica por la región de Sens, en Francia. Empezamos la comida con caracoles, uno de mis platos favoritos. La conversación recayó en Edgar Allan Poe, magnífico tema para acompañar el paladeo de los caracoles, y trató especialmente de un libro, recién publicado, de la princesa de Grecia, Marie Bonaparte, que es un estudio psicoanalítico de Poe. De pronto vi una fotografía del profesor Freud en la primera página de un periódico que alguien estaba leyendo junto a mí. Inmediatamente me hice traer el ejemplar y leí que el desterrado Freud acababa de llegar a París. No nos habíamos repuesto del efecto de esta noticia cuando lancé un grito. ¡En aquel mismo instante había descubierto el secreto morfológico de Freud! ¡El cráneo de Freud es un caracol! Su cerebro tiene la forma de una espiral, ¡que hay que sacar con una aguja!»

Esa imagen del cerebro como una espiral, Dalí la usa en diferentes cuadros como en un retrato de Picasso, incluido en una serie de grandes sabios de la Humanidad, donde también se encuentra, como no, Freud. Prosigue su analogía en otras páginas indicando que si se quiere digerir un pensamiento, «*hay que extraerlo con un palillo. De lo contrario se rompe y no hay nada que hacer; jamás llegaréis a desentrañarlo.*»

En 1936, Dalí toma parte en Londres en la Exhibición Internacional del Surrealismo. Da una conferencia titulada «Fantasmas paranoicos auténticos» que imparte usando un traje y un casco de buzo. Le tuvieron que quitar el casco, pues le estaba faltando el aire, tras lo que respiró con avidez y dijo: «*Quería demostrar que me he sumergido profundamente en la mente humana.*»

Finalmente, el 19 de julio de 1938, Dalí consiguió encontrarse con Freud. Según cuenta Dalí en sus memorias *Diario de un genio*, el escritor Stefan Zweig —quien habría de ser, con Ernst Jones, uno de los dos únicos oradores en el funeral de Freud— fue quien posibilitó al pintor la visita anhelada que se realizó conjuntamente con el poeta Edward James y el propio Zweig. Demos de nuevo la palabra a Dalí:

> «*Debía verme con Freud, finalmente, en Londres. Me acompañaban el escritor Stefan Zweig y el poeta Edward James. Mientras cruzaba el patio de la casa del anciano profesor vi una bicicleta apoyada en la pared y sobre el sillín, atada con un cordel, había una bolsa roja de goma, de las que se llenan de agua caliente, que parecía llena, y sobre la bolsa ¡se paseaba un caracol! Esta variada presencia parecía extraña e inexplicable en aquel patio del domicilio de Freud.*»

Del encuentro, Dalí nos deja el siguiente relato:

> «*Contrariamente a mis esperanzas, hablamos poco, pero nos devorábamos mutuamente con la mirada. Freud sabía poco de mí, fuera de mi pintura, que admiraba, pero de pronto sentí el antojo de aparecer a sus ojos como una especie de dandi del 'intelectualismo universal'. Supe más adelante que el efecto producido fue exactamente lo contrario.*

Antes de partir quería darle una revista donde figuraba un artículo mío sobre la paranoia. Abrí, pues, la revista, en la página de mi texto y le rogué que lo leyera si tenía tiempo para ello. Freud continuó mirándome fijamente sin prestar atención a mi revista. Tratando de interesarle, le expliqué que no se trataba de una diversión surrealista, sino que era realmente un artículo ambiciosamente científico y repetí el título, señalándolo al mismo tiempo con el dedo. Ante su imperturbable indiferencia, mi voz se hizo involuntariamente más aguda y más insistente.»

Al despedirse, Sigmund Freud pronunció una sola frase, dirigiéndose a Zweig, que quedó grabada para siempre en la mente de Dalí:

Salvador Dalí y Man Ray en París, en una fotografía de Carl Van Vechten (1934).
[*Library of Congress*, Washington, D.C., USA]

«Nunca había conocido a tan perfecto prototipo de español. ¡Qué fanático!»

Esa visita tuvo como producto un dibujo de Dalí, hecho al carbón: *Retrato de Freud*. En él, Dalí plasma de nuevo la evocación de los caracoles de Borgoña en la cabeza de Freud y se lo da a Zweig para que se lo entregue a Freud. Cuenta Dalí que estuvo ansioso por conocer la reacción y la opinión de Freud sobre su dibujo. Sólo cuatro meses después, al encontrarse con Zweig en Nueva York, recibió una respuesta escueta, casi evasiva: «*Le gustó mucho*», sin abundar en mayores detalles y pasando en seguida a otro tema. Sólo tiempo después, cuando Stefan Zweig se suicidó en Brasil, y al leer el final de su obra póstuma que el pintor nombra como *El mundo del mañana* (pero el libro de Zweig se llama en realidad *El mundo del ayer*), pudo comprender lo ocurrido con el retrato. Freud jamás había llegado a verlo. Stefan Zweig había mentido en Nueva York, pues nunca se atrevió a mostrarle el retrato a Freud por temor a sobresaltarlo, porque ese dibujo —según Zweig— «*presagiaba de manera clara la inminente muerte de Freud*», quien tenía ya entonces un cáncer en estado avanzado. Según dice Dalí en su diario íntimo, «*sin darme cuenta dibujé la muerte terrestre de Freud, en ese retrato al carbón que hice un año antes de que muriera*».

En su *Diario de un genio*, Dalí escribe que «*el cerebro de Freud, uno de los más sabrosos y de los más importantes de nuestra época, es, por excelencia, el caracol de la muerte terrestre.*» Freud, quien mantenía correspondencia con Zweig, le escribió:

«Hasta ahora me inclinaba a pensar que los surrealistas, que parecen haberme elegido como santo patrón, eran unos locos absolutos (pongamos que el 95% como el alcohol). Pero el joven español, con sus ojos cándidos y fanáticos y su innegable maestría técnica, me ha sugerido otra apreciación y me ha hecho reconsiderar mi opinión.»

Pero los intereses de Dalí eran múltiples y cambiaban con el tiempo. Después de su pasión por Freud, Dalí quedó fascinado por el cambio de paradigma que para la ciencia supuso la mecánica cuántica. Inspirado en el principio de incertidumbre de Werner Heisenberg, escribió un opúsculo titulado *Manifiesto de la antimateria*. En esa obra indicaba «*En el periodo surrealista, quería crear la iconografía del mundo interior, del mundo de lo maravilloso, de mi padre Freud. Hoy, el mundo exterior y el de la física trasciende el de la psicología. Mi padre hoy es el Dr. Heisenberg.*»

Cuando Dalí murió, el 23 de enero de 1989, tenía varios libros de ciencia en su mesilla de noche que le leía su secretario Antoni Pitxot: Stephen Hawking, Erwin Schrödinger... y es que, según comentó al bioquímico Juan Oró, «*los acontecimientos científicos son los únicos que guían mi imaginación.*»

📖 PARA LEER MÁS:

- Dalí, S. (1977) *Confesiones inconfesables*. Ed. Planeta, Barcelona.

- Dalí, S. (2004) *Diario de un genio*. Tusquets ed., Barcelona.
- López Ferrado, M. (2006) *La obsesión de Salvador Dalí por la ciencia*. Hist. Cienc. Saude-Manguinhos 13: 125-131.

Juan Negrín, el neurocientífico metido a político

Juan Negrín ha sido una de las personalidades de la II República española peor tratadas. Según el historiador Stanley G. Payne, era el personaje «*más odiado*» en España al final del Guerra Civil. El bando franquista lo consideraba un «*rojo traidor*», responsable del robo y traslado de quinientas toneladas de lingotes de oro del Banco de España a la Unión Soviética (el famoso oro de Moscú), un estafador y un encubridor del asesinato de Nin y otros dirigentes del Partido Obrero de Unificación Marxista (POUM). A su vez, una parte de sus correligionarios del campo republicano le echaban en cara la prolongación inútil de la guerra, los desmanes y atrocidades cometidos por anarquistas y comunistas, y ser un títere de los comisarios soviéticos. Incluso personas que hablaban de él con estima, como Francisco Ayala, indicaban que era «*un hombre de sensualidad pantagruélica, insaciable en sus apetitos naturales que satisfacía sin inhibición ninguna*», aunque también hablaba de «*su poderosa y fulminante inteligencia y su energía inagotable.*» El PSOE en el exilio, controlado por Indalecio Prieto, su antiguo amigo, decidió su expulsión del partido en 1946, acusándole de subordinación al Partido Comunista de España y a Moscú.

Retrato de Juan Negrín (Las Palmas de Gran Canaria, 3 de febrero de 1892 - † París, 12 de noviembre de 1956)durante su estancia en Alemania.

Pero Juan Negrín fue, antes que muchas otras cosas, un neurocientífico. Completó brillantemente el bachillerato y su padre, un acomodado comerciante grancanario, lo mandó a estudiar Medicina a Alemania. Comenzó la carrera a los quince años, primero en la Universidad de Kiel (1907) y dos años más tarde en la de Leipzig, en la que se vinculó desde muy pronto a su famoso Physiologisches Institut, en aquellos momentos quizá el centro de Fisiología de más prestigio en el mundo. En los últimos años de carrera, Negrín recibió el nombramiento de ayudante sustituto y, al licenciarse, el de ayudante numerario. En 1911, un año antes de leer la tesis doctoral escribió a Santiago Ramón y Cajal para solicitar a la Junta de Ampliación de Estudios una beca anual de 250 a 300 pesetas para continuar sus estudios. En una decisión muy española, la Junta le concedió un certificado de suficiencia, que era parecido a la beca, solo que sin dinero. Pero al menos ese certificado le habilitó para optar a una plaza en la universidad después de haber homologado los estudios realizados en el extranjero.

La Primera Guerra Mundial rompió su carrera académica en Alemania. Muchos de sus compañeros del Instituto en Leipzig fueron movilizados y él tuvo que asumir parte de sus tareas en el aula y en el laboratorio. Preocupado por el bienestar de su familia ante el curso de la Gran Guerra, abandonó Leipzig de una manera algo súbita, dejando todas sus pertenencias incluidas sus publicaciones científicas «*pues han quedado con mi biblioteca, mobiliario, etc. en Alemania hasta que termine la guerra.*» Regresó así a Las Palmas en 1915.

El 22 de febrero de 1916, solicitó a la Junta de Ampliación de Estudios una beca para continuar sus estudios en varios centros de investigación norteamericanos (el Instituto Rockefeller, la Universidad Cornell en Nueva York y la Universidad de Harvard en Boston) en un proyecto científico de primer nivel. Su vida y quizá la historia de España habrían sido distintas si le hubiesen concedido aquella beca. Pero su carrera investigadora tenía otro destino porque Santiago Ramón y Cajal, que utilizaba su prestigio y su tenacidad para impulsar el desarrollo científico en España, consiguió que le ofrecieran la dirección de un nuevo Laboratorio de Fisiología General. Negrín aceptó y el laboratorio, a falta de otro lugar mejor, se instaló en los sótanos de la Residencia de Estudiantes en Madrid.

El nuevo grupo de investigación tenía unas condiciones muy modestas. El Laboratorio de Fisiología contaba, según el testimonio de José Puche en su exilio mexicano, con unos cien metros cuadrados repartidos entre las salas de demostración, los laboratorios de los investigadores, la biblioteca, y «*un simpático rincón donde, después de la refacción, un grupo de amigos solíamos charlar despreocupadamente ante unas tazas de buen café preparado al uso de la Gran Canaria.*» Aun así, se convirtió en un laboratorio de referencia en Fisiología donde se formaron muchos investigadores españoles y extranjeros.

Con objeto de mejorar la precaria situación económica del grupo, Negrín escribía con frecuencia a José Castillejo, secretario de la Junta de Ampliación de Estudios, pidiéndole ayuda para diferentes temas. En la carta fechada el 15 de abril de 1931, el día siguiente a la proclamación de la República, Negrín solicitó que le retuvieran 600 pesetas del sueldo para distribuirlas en módulos de 150 pesetas entre sus jóvenes colaboradores y discípulos Severo Ochoa —el futuro premio

Nobel—, Blas Cabrera, Rafael Méndez Martínez y Francisco Grande Covián. Según dice el escrito:

> «*...se trata de jóvenes médicos que llevan trabajando varios años con asiduidad y provecho en el Laboratorio. Todos han estado en el extranjero ampliando sus estudios. Ninguno ejerce la profesión médica y dedican exclusivamente sus actividades a la investigación y a la enseñanza.*»

La obra científica de Negrín se inició en Leipzig con una serie de trabajos sobre la actividad de las glándulas suprarrenales y su relación con el sistema nervioso central. Al volver a España, le convalidaron su licenciatura pero no la tesis, por lo que estos trabajos formarían, años después, el núcleo de su segunda tesis doctoral, su «tesis española». Sus estudios iban encaminados a aclarar la existencia de un control neurológico directo y exacto de los niveles de glucosa en la sangre y a determinar la influencia de un mecanismo de regulación indirecta a través de los niveles sanguíneos de adrenalina.

Quizá por el innegable tirón de Cajal y su obra, la línea principal de investigación del grupo de fisiólogos dirigido por Negrín en Madrid giró en torno al sistema nervioso. Sus investigaciones neurofisiológicas incluyeron estudios sobre las terminaciones nerviosas simpáticas y su regulación, los reflejos vasomotores, la integración de los sistemas endocrino y nervioso, la regulación del tono vascular, las rutas de acción de las glándulas, las «sustancias receptivas», el análisis químico de los fluidos biológicos, las vitaminas, la dieta, la actividad muscular y los estados carenciales, y diseñaron y construyeron algunos aparatos de medida automática. Junto con Nicolás Achúcarro, discípulo de Cajal, que había sido becado en 1912 para trabajar en el Laboratorio Químico de la Real Clínica Psiquiátrica de Munich, abrió una línea de trabajo sobre el estado nutricional de las personas con alzhéimer, lo que los convirtió en pioneros en el estudio de esta enfermedad.

En 1922 obtuvo la cátedra de Fisiología en la Universidad Central de Madrid. Adolecía de mala fama entre los alumnos pues era difícil aprobar su asignatura, explicaba muchas reacciones bioquímicas, que los alumnos no entendían por su nivel insuficiente de química, animaba a los alumnos a salirse de los textos usuales y a buscar la información en las monografías y artículos originales, algo que nunca ha sido popular entre los estudiantes. En palabras contundentes de Severo Ochoa, que fue alumno suyo, «*explicaba mal*» y «*suspendía mucho.*»

En la primavera de 1929, Negrín se afilió al PSOE. Inició así una carrera política que le iría apartando progresivamente de la docencia y la investigación. Dos años más tarde es elegido diputado en Cortes por Las Palmas. Su esfuerzo investigador se difuminó porque debía combinar la gestión del Laboratorio, la cátedra en San Carlos, la Secretaría de la Facultad de Medicina donde impulsó un nuevo Plan de Estudios, el Patronato de la Ciudad Universitaria con la construcción de numerosos edificios, y sus obligaciones de diputado. Sus tendencias eran moderadas y a pesar, o quizá por haberse formado en colegios religiosos, defendió con firmeza la necesidad de implantar una educación laica en España, como paso imprescindible para hacer progresar al país. Es nombrado ministro de Hacienda en el gobierno de coalición de septiembre de 1936 presidido por Largo Caballero, cargo que aceptó «*por patriotismo y disciplina*». El nombramiento probablemente se debió a la amistad que le unía a Indalecio Prieto y al hecho de que apenas se había significado en las feroces rivalidades que dividían a los socialistas. Gabriel Jackson le ha considerado un keynesiano, y el más preparado de los jefes republicanos socialistas; Negrín fue el primer suscriptor de «The Economist» en España. El siguiente paso resultó aún más impactante. Según Ayala «*con la caída de Largo Caballero, se juzgó discreto para no hacer demasiado violento el triunfo de Prieto, evitar que éste encabezara el nuevo Gabinete.*» El 17 de mayo de 1937, el Presidente de la República Manuel Azaña nombró a Juan Negrín, Presidente del Gobierno de España.

El curso de la Guerra Civil constituyó un desastre para los republicanos, con sucesivas derrotas y fuertes enfrentamientos internos, y de todo esto, sus detractores hicieron responsable, entre otros, a Negrín. Ello no obstante, supo combinar la atención a los problemas acuciantes de cada día con una mirada hacia el futuro. Creó un potente Cuerpo de Carabineros pensado no tanto para la Guerra, sino para contrapesar el control comunista del Ejército popular y evitar una dictadura marxista si se ganaba la guerra. Intentó fortalecer el poder central frente a sindicatos y anarquistas aliándose con la burguesía y las clases medias, tratando de poner coto al movimiento revolucionario y creando una economía de guerra. Llevó a cabo una política de fortalecimiento del Ejército y del poder gubernamental, puso la industria bajo control estatal e intentó organizar la retaguardia. La forma-

Fotografía familiar de los Negrín. Juan Negrín y Feliciana López de Dom Pablo, junto a sus hijos Rómulo, Juan y Miguel Negrín Fidelman (hijos de la primera esposa de Juan Negrín, María Mijailova Fidelman).
[*Archivo Juan Negrín López*, París]

ción de un gobierno central compacto y centralizado, necesario para la dirección de la Guerra, causó la dimisión de los ministros nacionalistas Irujo y Ayguadé. Se obsesionó con intentar aguantar hasta el comienzo de la Segunda Guerra Mundial, con la vana esperanza de que ello propiciara el salvamento de la República. Los Acuerdos de Múnich hicieron desvanecer definitivamente toda esperanza de ayuda exterior. Según Albert Camus «*Fue en España donde los hombres aprendieron que es posible tener razón y aún así sufrir la derrota. Que la fuerza puede vencer al espíritu y que hay momentos en que el coraje no tiene recompensa.*»

Negrín aprovechó su poliglotismo —hablaba francés, alemán, inglés, italiano y ruso (y quiso aprender chino y árabe, «*los idiomas del futuro*» según él)—, ante la Sociedad de Naciones para buscar una respuesta internacional en defensa de la República. No tuvo éxito. Le acusaron de corrupto y despilfarrador, por su tolerancia con los ingentes derroches de los agentes encargados de la compra de armas y suministros en el extranjero, y es que, debido al bloqueo de las potencias europeas, los representantes del gobierno de la República debían adquirir dichas armas en el mercado negro, a precios exorbitados y aceptando las leoninas condiciones de estafadores y desaprensivos. La imagen de su ligereza en el manejo de los fondos públicos y de su afición a los placeres fue promovida, publicitada y multiplicada constantemente por sus adversarios.

Negrín abandonó España en 1939. Inicialmente se instaló en París, donde fundó el Servicio de Evacuación de los Republicanos Españoles, principal institución encargada del traslado y radicación de los miles de españoles que se exiliaron en México. El avance alemán sobre Francia le obligó a trasladarse a Londres. Allí combinó las tareas políticas con alguna labor científica. Dictó una conferencia en la British Society for the Advance of Science titulada «Ciencia y Gobierno» en la que defendió el compromiso político del científico. Colaboró con J.B.S. Haldane, experto en gases asfixiantes, en el esfuerzo bélico británico; juntos llevaron a cabo experimentos sobre los efectos de la presión en los organismos vivos, diseñados para valorar las condiciones de supervivencia en el interior de los submarinos y las posibilidades de escapar cuando eran hundidos. Él mismo llegó a someterse «*a presiones atmosféricas intensas y a concentraciones altas de dióxido de carbono*», unas condiciones difíciles de aguantar.

Como sucede a menudo en distintos países y distintas épocas, en los tiempos duros del exilio, Negrín contó con la ayuda y el apoyo de sus colegas fisiólogos. En Francia le ayudó Camil Soula, catedrático de Fisiología en Toulouse, que acogió en un antiguo parque de bomberos a decenas de médicos e investigadores republicanos y sus familias. En Londres fue Haldane, cuyo hijo había luchado en las Brigadas Internacionales, y que se esforzó en conseguirle residencia y visado. En Estados Unidos su apoyo fue Walter B. Cannon, catedrático de Fisiología de Harvard, y que, quizá por su relación con los republicanos españoles, encabezó la lista de profesores, rectores y académicos perseguidos por el senador McCarthy. Pero no fue así siempre. Francisco Guerra, uno de los jefes de Sanidad de la República, indicaba

> *«pero también hubo algunos que nos vituperaron, como Bernardo A. Houssay, catedrático de Fisiología*

en Buenos Aires y premio Nobel en 1947, quien, después de ser destituido por el general Perón, nos pidió públicamente perdón en 1965.»

Sobre Negrín se han vertido opiniones terribles. El anarquista Diego Abad de Santillán le llamaba «*advenedizo sin moral y sin escrúpulos*», decía que tenía «*el arte maquiavélico de corromper a la gente*», señalaba que «*la dictadura negrinesca (...) es más absoluta que la de Hitler y la de Mussolini*» y le hacía responsable de «*miles de millones de pesetas evaporados*». Otros, por el contrario, lo defendieron. Santiago Álvarez, comunista, indicaba que con la sublevación y formación de un ejército «*se tuvo que reconstruir también el conjunto del aparato del Estado. Y fue Negrín quien se dedicó a la gran tarea de impedir ese hundimiento y de crear las bases económicas para que el sistema republicano, su Gobierno y su pueblo no naufragasen y fuesen derrotados en los primeros días.*» Cuando murió en París en noviembre de 1956, Negrín era un hombre tan deprimido que pidió que nadie llevara flores a su tumba ni escribieran su nombre en la lápida. En ella solo se grabaron sus iniciales: J.N.L.

Preguntado por los resultados científicos de Negrín, Francisco García Valdecasas, uno de sus discípulos, contestó lo siguiente:

> *Sus trabajos científicos fueron aventados. A México llegaron unos que se llamaban Valdecasas, Méndez, Perez Cirera, Castañeda, Francisco Guerra. México se benefició de los trabajos de Negrín aumentando el prestigio y la calidad de su Universidad y de*

su industria. A Nueva York llego Severo Ochoa. A EE.UU. también Francisco Guerra, aún estudiante. En España quedó (avatares de la suerte) Francisco Grande (más tarde, ya catedrático de la Universidad española, se fue a EE.UU.) Antonio Gallego, José Maria Corral Saleta (el hijo del colaborador senior), José Rodríguez Delgado (que después marchó a Yale) y Francisco Garcia Valdecasas.

La historia de Negrín constituye un ejemplo más del mazazo que la Guerra Civil supuso para el desarrollo de la Ciencia en España, de la desaparición de una España que pudo ser y no fue. No obstante, debemos reconocer que la recuperación de los niveles científicos a finales del siglo XX se debió a esos maestros que formaron personas para que algún día, pudieran realizar esa labor. La mejor obra científica de Negrín fueron sus discípulos que siguieron su magisterio con arreglo a la frase que él mismo pronunció: «*La ciencia debe ser cultivada con esfuerzo y el ferviente propósito de servir a la verdad.*»

📖 PARA LEER MÁS:

- García-Valdecasas, F. (1996) El profesor Juan Negrín. Gimbernat 26: 171-177. http://www.raco.cat/index.php/Gimbernat/article/view/45096/54389
- Jackson, G. (2008) *Juan Negrín. Médico, socialista y jefe del Gobierno de la II República española*. Crítica, Barcelona.

- Martínez Navarro, F. y S. Millares Cantero Juan Negrín López : Biblioteca de Científicos Canarios http://es.scribd.com/doc/46862806/Biografias-de-cientificos-canarios-Juan-Negrin#
- Miralles, R. (2006) Juan Negrín; *La República en guerra*. Ed. Planeta-De Agostini, Barcelona.
- http://es.wikipedia.org/wiki/Juan_Negr%C3%ADn
- http://negrin.secc.artempus.es/
- http://lamemoria.blip.tv/file/3133069/

Otros principios morales

Una de las frases más famosas de Groucho Marx es «*Estos son mis principios. Si no le gustan, bien... tengo otros.*» Los principios morales parecen algo alejado del ámbito de la Neurociencia pero todo lo que constituye la individualidad de un ser humano (personalidad, ideas, sentimientos, recuerdos, y también normas éticas), reside en nuestro cerebro. Ese código de conducta adoptado por la sociedad o un grupo o un individuo sería lo que llamamos moralidad, algo que Hobbes, en su obra *Leviathan,* relacionaba con las condiciones que permiten a las personas vivir juntas en unidad y paz.

Hay dos líneas de pensamiento opuestas sobre la moralidad. Según una, existen principios absolutos, inmutables, comunes a todos los seres humanos y a todas las culturas, que separarían con claridad el bien y el mal. Según la otra visión, lo que llamamos el relativismo moral, no existen un bien y un mal absolutos y las reglas morales son preferencias personales y el resultado de la educación, de la cultura propia, de la orientación sexual y del grupo étnico y familiar, entre otros factores.

¿Qué dirías si tu juicio ético, tus principios morales, pudiesen ser alterados bruscamente, de una forma casi instantánea, mediante un simple experimento neurocientífico? Eso es precisamente lo que ha logrado el grupo del Instituto Tecnológico de Massachusetts (MIT) dirigido por la Dra. Rebecca Saxe. Saxe realizó un descubrimiento espectacular cuando era estudiante de doctorado: identificó una región en el cerebro, la unión temporoparietal derecha, que se activa cuando «leemos la mente» de otras personas. Esa lectura de la mente ajena no es algo paranormal sino pensar en sus intenciones, sus deseos, sus objetivos o sus creencias. Nuestro cerebro piensa lo que piensan los otros. Lo hacemos continuamente, sin darnos cuenta, y en nuestra vida social, nos ayuda a llevarnos bien dentro del grupo, sea la familia, el equipo de trabajo o toda la sociedad. Uno de los problemas de las personas con autismo es precisamente ése, que son incapaces de leer correctamente las mentes ajenas (y todo lo que va añadido, como el lenguaje corporal, los tonos de voz, los gestos sutiles) por lo que interpretan el mundo de una forma literal y directa, sin metáforas ni mentiras. Esto les causa graves problemas en sus relaciones sociales.

El grupo de investigación de Saxe reclutó voluntarios (¡esos estudiantes universitarios siempre ansiosos por ganar algo de dinero!) y les pidió que, utilizando sus propios principios morales, juzgaran una serie de situaciones, el comportamiento de otras personas. En una de ellas, una mujer llamada Grace prepara un café a su amiga pero, por error, le echa veneno en vez de azúcar, y la amiga muere. En otra historia, parecida pero diferente, Grace, intencionadamente, echa en el café lo que considera que es veneno, pero en realidad es azúcar y a su amiga no le pasa nada. Los voluntarios del experimento tuvieron que juzgar éstas y otras conductas similares otorgando una puntuación entre 1 (conducta totalmente prohibida y, por tanto, condenable moralmente) y 7 (conducta «guay», totalmente aceptable y que no conlleva ninguna responsabilidad ni juicio negativo). En el ejemplo que he puesto, prácticamente todos los «conejillos de indias» disculparon a Grace cuando se equivocó, pues lo consideraron un «accidente», pero la censuraron gravemente cuando hubo en ella intención de causar daño.

A continuación, los voluntarios que participaban en el experimento fueron sometidos a una sesión de estimulación magnética transcraneal, una técnica con la que puede dirigirse un potente, pero breve, campo magnético hacia distintas áreas de la corteza cerebral. Concretamente, el campo se aplicó en la zona de la unión temporoparietal, situada encima y detrás de la oreja derecha y que, como hemos mencionado, es la zona cerebral que se activa cuando evaluamos los actos de otras personas, cuando nos preparamos para un juicio moral. Estos campos magnéticos distorsionan de modo transitorio la capacidad de las neuronas de comunicarse mediante señales eléctricas pero no producen ningún daño. El resultado fue que con la estimulación magnética algunos voluntarios cambiaron su juicio y valoraron más el resultado final que la intención. Condenaron más a Grace cuando su amiga sufrió daño por accidente pero la valoraron mejor cuando a la amiga no le pasó nada, a pesar de la intención claramente criminal de Grace. Quizá lo más curioso es que esa forma de actuar se parece más a la de los niños pequeños, de unos tres años de edad, que juzgan directamente el resultado del acto sin entrar a matizar la intención, la bondad o maldad con la que se inició el episodio. Es importante resaltar que lo único que varió fue su valoración de la conducta ajena, no cambiaron ellos su forma de ser ni de actuar.

Este experimento causó bastante revuelo porque sus implicaciones abarcan campos muy distintos:

— A la religión. Según Jon Barron «*para aquellos que sostienen que la moralidad nos fue entregada en el Monte Sinaí y que es precisamente lo que separa a los santos de los pecadores, estas noticias pueden resultar difíciles de creer.*»
— A la esencia del ser humano. El propio Darwin escribe en *El origen del Hombre*: «*Suscribo totalmente el juicio de esos autores que indican que la presencia de un sentido moral o una conciencia es la diferencia más importante entre el hombre y el resto de los animales.*» Según la propia Rebecca Saxe «*Piensas que la moralidad es un comportamiento realmente de nivel superior. Ser capaz de aplicar un campo magnético a una región cerebral específica y cambiar el juicio moral de la gente es realmente asombroso.*»
— Y a los que temen la manipulación de las mentes o sueñan con ella. De hecho, la Dra. Saxe ha comentado en alguna ocasión que ha recibido llamadas del Pentágono, a las que no ha hecho mucho caso. La estimulación magnética transcraneal es una técnica ruidosa y, en consecuencia, hoy por hoy, no es posible apli-

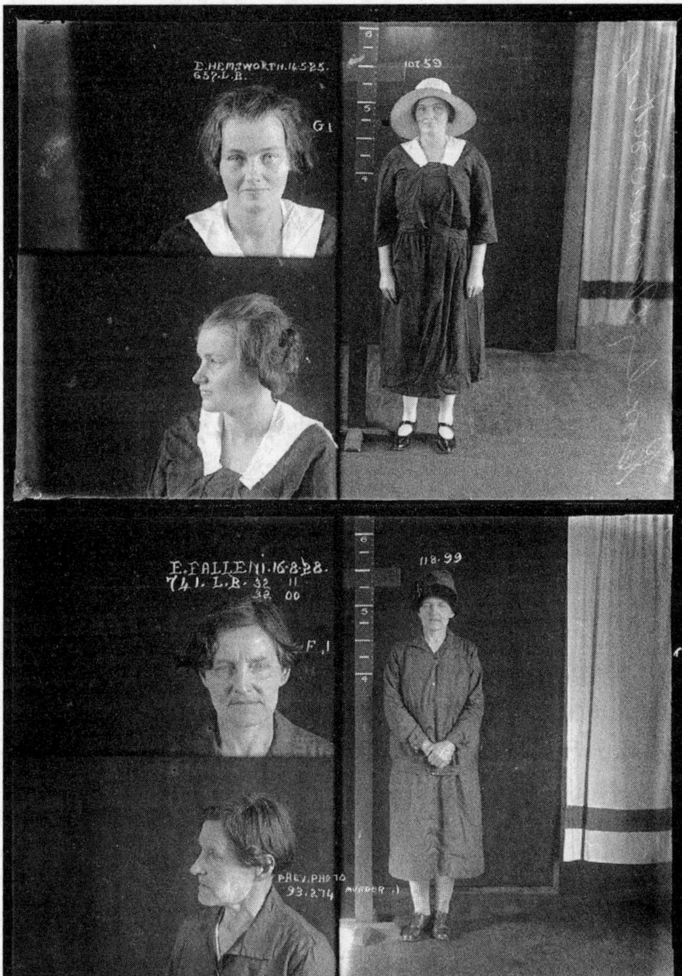

[Superior] Emily Hemsworth (24 años de edad): Acusada de matar a su hijo de tres semanas... pero no podía recordar los detalles del asesinato. Fue encontrada no culpable por demencia. [Inferior] Eugenia Falleni pasó la mayor parte de su vida haciéndose pasar por hombre. En 1913 se casó con una viuda, Annie Birkett, poco después la asesinó.
[*Archivo de fotografía forense. Policía de NSW*]

> carle un campo magnético suficientemente potente a alguien sin que se entere. Además, no todas las personas reaccionan a la estimulación del mismo modo, por lo que el magnetismo parece ser una herramienta poco fiable para manipular mentes.

Este experimento pone de manifiesto que nuestro cerebro está muy bien preparado para entender la mente de otras personas, para pensar sobre los pensamientos, las intenciones, los deseos y las creencias del «otro». Nuestro sistema nervioso es por tanto responsable de nuestros juicios, de nuestros principios morales aunque existen muchos factores que influyen sobre este proceso cerebral. Los experimentos de Saxe lo confirman con claridad.

El sistema que el cerebro usa para entender y valorar mentes ajenas va madurando muy lentamente a lo largo de la infancia y la pubertad e incluso durante la edad adulta, lo que explica en parte que no todos tengamos un juicio moral idéntico. En los niños se da una evolución muy marcada. Un bebé de nueve meses espera que un adulto agarre un objeto al que él ha mirado y sonreído antes. Poco después, el niño entiende que las personas actúan para conseguir lo que desean, es decir, que esas acciones poseen un objetivo concreto. A los 18 meses, un niño entiende que diferentes personas pueden tener preferencias o deseos distintos. A los dos años, ya hablan con claridad y muestran enfado o desilusión por el contraste entre lo que querían y lo que les ha sucedido. En esta fase, los niños desconocen todavía algo importante: la noción de creencia. Hasta los tres años y pico no entienden la relación entre lo que cree una persona y sus objetivos y actos. En ese momento empiezan a darse cuenta de que existe algo que los neurocientíficos llaman «creencia falsa». Supongamos que un niño, Santi, coloca una bola roja en una caja y se va. Llega otro niño y saca la bola y la mete en un bote. Si a un niño de tres años le preguntamos dónde buscará Santi la bola roja cuando venga, responderá que en el bote. Sin embargo, un niño de cinco años ya acertará que Santi tendrá la «falsa creencia» de que la bola sigue en la caja y la buscará allí. Un niño de cinco o más años con autismo probablemente responderá como el niño de tres años.

El que el área temporoparietal no termine su desarrollo anatómico en la mayoría de las personas hasta el final de la adolescencia o incluso hasta los veintitantos años, puede ayudar a explicar ciertos hechos sobrecogedores como la crueldad de los niños en las escuelas con los más débiles o incluso algún delito terrible cometido por menores de edad. Por ello hay quien defiende que se tenga en cuenta este cerebro inmaduro a la hora de establecer las responsabilidades penales de los menores.

Rebecca Saxe presentó sus resultados en una interesante charla en TED. Su conferencia termina con una hermosa cita de Philip Roth:

> *«Al fin y al cabo, de lo que se trata en la vida no es de entender correctamente a los demás. Vivir consiste en entenderles mal una y otra vez, y luego, después de haberlo meditado con calma, volver a malinterpretarlos. Así es como sabemos que estamos vivos: porque nos equivocamos.»*

PARA LEER MÁS:

- Saxe, R. Reading Your Mind. How our brains help us understand other people. Boston Review. http://www.bostonreview.net/BR29.1/saxe.html
- http://www.ted.com/talks/lang/eng/rebecca_saxe_how_brains_make_moral_judgments.html

¿Quién es ese alemán que me esconde las cosas?

Aloysius Alzheimer o Alois, como le llamaban sus amigos, trabajaba en el manicomio municipal de Fráncfort am Main. Las fotos que se conservan de él frecuentemente lo muestran con un puro en una mano y un microscopio en la otra. Llevaba ya 13 años en aquella ciudad, desde el año siguiente a licenciarse como médico. En su tesis doctoral (1888) había estudiado una estructura cercana al cerebro pero sin mucha relación con él, las glándulas de la cera del oído, y se había basado en los experimentos realizados en el laboratorio de Rudolf Albert von Kölliker, el fisiólogo suizo que avanzó considerablemente el conocimiento del sistema nervioso. Alzheimer se había ido especializando cada vez más en el estudio y tratamiento de los enfermos mentales. En aquel hospital psiquiátrico había conocido a Franz Nissl, que le enseñó un sencillo método para teñir las neuronas, que permitía estudiar con más claridad la estructura de las regiones cerebrales. Alzheimer quería dedicarse a la investigación pero su situación económica no se lo permitía, así que hizo lo que se podía hacer en aquella época sin becas ni proyectos de investigación: casarse con una viuda rica. En descargo de él y de la Ciencia, Alois amó a su querida Cecilie Geisenheimer, hasta el final de su vida.

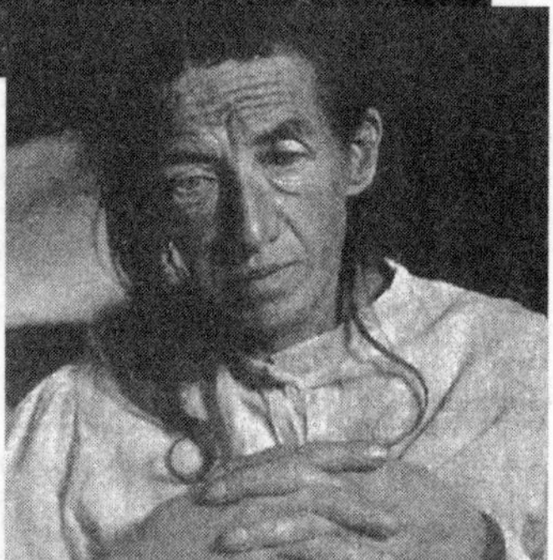

Aloysius Alzheimer (1864, Baviera, Alemania - † 1915, Breslavia, Alemania (actual Wroclaw, Polonia). Psiquiatra y neurólogo alemán que logró identificar los síntomas de la enfermedad de Alzheimer; junto a su retrato, una fotografía de una de sus pacientes, Auguste Deter.

Un día, de repente, la enfermera introdujo en su consulta una nueva paciente, Auguste Deter. Estaba muy confusa, tenía evidentes problemas de memoria y un comportamiento extravagante. El caso era muy parecido a una demencia senil pero aquella mujer sólo tenía 47 años. La historia clínica de Deter, que durante mucho tiempo se creyó perdida, apareció en 1995 de manera inesperada en los archivos de la Universidad de Fráncfort, lo que demuestra que aún pueden producirse hallazgos sorprendentes en los países avanzados. El archivo, de 42 páginas, contiene el informe de admisión y tres historias diferentes, incluidas notas tomadas por el propio Alzheimer. La mayoría del texto está escrito en un tipo de escritura en desuso llamada *Sutterlinschrift*. El historial también contiene una pequeña hoja de papel con palabras y frases escritas por Deter, puesto que Alzheimer llamó originalmente a la nueva enfermedad «trastorno amnésico de la escritura».

Los primeros síntomas de la Sra. Deter fueron cambios en su personalidad, desorientación, y unos fuertes celos hacia su marido. Pronto empezó a mostrar déficits de memoria, que fueron aumentando hasta el punto de no saber orientarse en su propia casa. La paciente no mejoraba, cada vez se encontraba más confundida, desorientada y con delirios. Si Alzheimer le proponía un ejercicio, como identificar algunos objetos, los olvidaba inmediatamente, como si nunca hubiera tenido lugar esa sesión.

Un fragmento de ese historial, escrito por Alzheimer y fechado el 26 de noviembre de 1901, dice así:

«*Se sienta en la cama con una expresión desvalida.*

—*¿Cuál es su nombre?*

—Auguste.

—¿Cuál es el nombre de su marido?

—Auguste.

—¿De su marido?

—Ah, mi marido.

Mira como si no entendiera la pregunta.

—¿Está usted casada?

—Con Auguste.

—¿Señora Deter?

—Sí, sí, Auguste Deter.

—¿Cuánto tiempo lleva aquí?

Parece intentar recordar.

—Tres semanas.

—¿Qué es esto?— le muestro un lápiz.

—Una pluma.

Una cartera, una llave, un periódico y un puro son identificados correctamente. En la comida, toma coliflor y cerdo. Preguntada sobre qué está comiendo, contesta «espinacas». Mientras está masticando la carne, contesta «patatas» y «nabo». Cuando se le muestran cosas, no recuerda después de un poco de tiempo qué objetos se le han mostrado, entre medias habla de su mellizos. Cuando se le pide que escriba su nombre, intenta escribir Sra. y olvida el resto. Es necesario repetirle cada palabra.»

En una de esas entrevistas, de repente, Auguste hizo una pausa con una mirada que expresaba miedo, desconcierto, vergüenza y dijo lo más parecido a un autodiagnóstico que se podía hacer: «*Me he perdido*».

En 1903, Alzheimer se trasladó a Heidelberg, siguiendo a Emil Kraepelin, que le pidió ayuda para identificar la base anatómica de los trastornos psiquiátricos pero se mantuvo pendiente de la evolución de Auguste. Al año siguiente, Kraepelin y Franz Nissl se trasladaron a Munich y decidieron llevarse a Alzheimer con ellos, como jefe de un departamento de Patología de un nuevo Instituto de Psiquiatría. Alzheimer siguió el deterioro de Auguste Deter durante cuatro años y medio, viéndola perder cada vez más piezas de ese puzle que es la mente humana, cada vez menos posibilidades, menos memorias, menos «alma».

Cuatro años después de sus primeras manifestaciones clínicas, en 1906, Auguste Deter se volvió incontinente, apática y no se levantaba de la cama. Murió en posición fetal a la relativamente joven edad de 51 años, la misma edad a la que moriría Alzheimer unos años después. Curiosamente, parece que no murió de la enfermedad de Alzheimer, sino de una arteriosclerosis cerebral.

Tras la muerte de Deter, se fueron encontrando más pacientes de ese tipo. Llegaban a la consulta con lapsos de memoria y problemas de concentración. Se veía cómo se deterioraba su atención a los asuntos personales y cómo perdían interés por las cosas que les rodeaban. Los problemas de memoria aumentaban, viéndose más afectada la memoria de hechos recientes que la de los sucesos del pasado lejano. La desorientación y las dudas al hablar se iban agravando y la pérdida de memoria se acentuaba hasta que eran incapaces de recordar lo que habían dicho o hecho pocos minutos antes. Los pacientes estaban «perdidos», desorientados, sin saber quiénes eran, dónde estaban y en qué época vivían. La comunicación se iba deteriorando y, finalmente, las personas, debilitadas, solían morir de una neumonía o una infección.

Alzheimer pudo realizar un análisis *postmortem* del cerebro de Deter y encontró que había sufrido grandes cambios. Había una atrofia generalizada de la corteza cerebral, muchas neuronas habían desaparecido y otras parecían estar llenas de una maraña de hilos o alambres, a los que se llamó ovillos neurofibrilares. Además, en los espacios entre las neuronas se veían unos depósitos con aspecto pegajoso, las denominadas «placas seniles». En la actualidad sabemos que esas dos estructuras neuropatológicas, las placas y los ovillos están formadas por acúmulos de proteínas. En el caso de las placas seniles, por una mezcla compleja de moléculas orgánicas que rodean un núcleo de una proteína llamada beta-amiloide. En el de los ovillos por la formación de una variante especial, insoluble, de las proteínas llamadas tau. Unos meses más tarde, Alzheimer presentó estas observaciones en el congreso de la Asociación Alemana de Alienistas, y los publicó, primero en el Neurologisches Centralblatt en 1906 y un año más tarde, en 1907, en otras dos revistas alemanas. A caballo prácticamente entre ambos años, el 4 de noviembre de 1906, en un congreso de la asociación de psiquiatras del sudoeste de Alemania, Alzheimer presentó una ponencia sobre *«eine eigenartige Erkrankung der Hirnrinde»*, «una enfermedad peculiar de la corteza cerebral». Un padecimiento nuevo estaba empezando a ser conocido.

Si una enfermedad sólo existe cuando tiene nombre, en 1910 nació una nueva, la que todos llamarían la enfermedad de Alzheimer. Su amigo Emil Kraepelin, llamado el «Linneo de la Psiquiatría» pues dedicaba gran parte de su tiempo a la categorización y clasificación de los trastornos psiquiátricos, llamó así al nuevo tipo de demencia, y lo incluyó en la octava edición de su *Manual de Psiquiatría*.

Una nueva enfermedad había sido identificada, una que avanzaría rampante en todos los países desarrollados a lo largo del siglo XX. Se calcula que en España afecta en mayor o menor medida a unas 800.000 personas y que otras 200.000 podrían estar no diagnosticadas (datos de la Federación de Enfermos de Alzheimer). No sabemos por qué se desarrolla un alzhéimer. Hay genes que confieren una predisposición y hay un tipo de alzhéimer llamado familiar. En él, muchos de los miembros de una misma familia desarrollan esta enfermedad y a edades muy tempranas. Por otro lado, se acaba de identificar una variante que confiere propensión a sufrir la enfermedad de Alzheimer de tipo tardío, el tipo más normal de demencia.

Alzheimer enfermó en el tren en su camino a Breslau donde había sido nombrado catedrático de Psiquiatría. Falleció en 1916. En su obituario, Robert Gaupp, jefe del Departamento de Psiquiatría de la Universidad de Tübingen y predecesor de Alzheimer en la clínica de Kraepelin en Munich, escribió sobre él:

> *«Alzheimer fue un hombre con una mente clara y unos poderes creativos inusuales que afrontaba los mayores esfuerzos en su trabajo con un fuerte compromiso por la verdad científica. Con una buena formación, esta combinación de talentos tenía que resultar en unos hallazgos impresionantes en el campo científico. Esto se complementaba por su cordial*

Alois Alzheimer con parte de su equipo en el manicomio de Munich, entre 1909 y 1910: Primera fila, de izquierda a derecha: Adele Grombach, Ugo Cerletti, (¿?), Francesco Bonfiglio, Gaetano Perusini; fila superior de izquierda a derecha: Fritz Lotmar, (¿?), Stefan Rosental, Allers, (¿?), Alois Alzheimer, Nicolás Achúcarro, y Friedrich Heinrich Lewy.

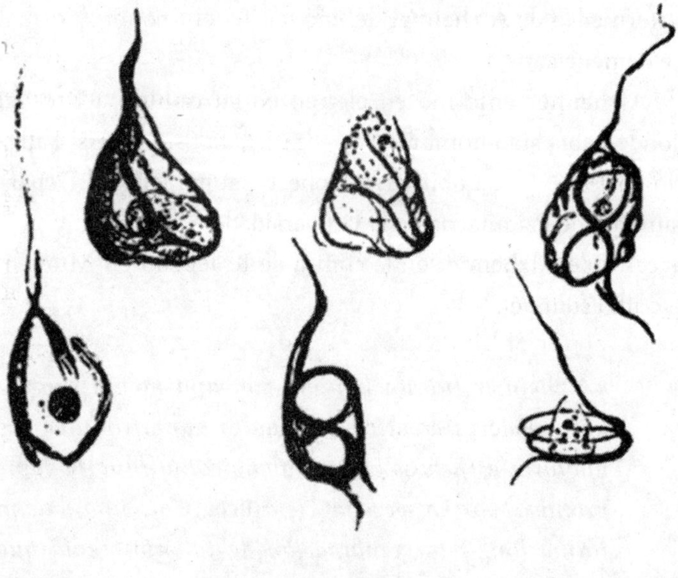

Ilustraciones con los ovillos de neurofibrillas encontrados en el cerebro de Deter, tomadas de un artículo de Alzheimer publicado en 1911.

interés en las personas, su mentalidad de verdadero científico y su gran felicidad en combinar la ciencia con la práctica médica. Aunque él trabajó en un campo especializado pequeño, infinitamente difícil, siempre se esforzó para que su investigación no pusiera en peligro al médico clínico que había en él.»

Su lema era el siguiente: «*La modestia excesiva y el abatimiento paralizante no han ayudado a las ciencias a avanzar ni son ayudadas por ellos, lo hará un sano optimismo que busque animoso nuevas vías para comprender, puesto que está convencido de que será posible encontrarlas.»*

Alzheimer supo crear un ambiente cordial y grato en el laboratorio. Recibió visitantes de todas partes del mundo, incluidos Nicolás Achúcarro, de España, y Ludwig Merzbacher, alemán nacido en Italia, que terminó trabajando en Buenos Aires, en la Clínica Modelo y, posteriormente, en el Hospital Alemán. Alzheimer fue un trabajador meticuloso y nunca publicó prematuramente, lo que le hacía ir relativamente despacio. En una de sus raras visitas al laboratorio de Neuroanatomía, Kraepelin comentó que «*los molinos neuroanatómicos de Alzheimer muelen bastante lento.*» Walther Spielmeyer, su sucesor en Munich, comentaba sobre la política de publicaciones de Alzheimer:

> «*Nunca tuvo que luchar por el reconocimiento de su trabajo investigador. La claridad de sus conferencias y escritos convencía a un observador lejano de la importancia de sus resultados. En estos tiempos de prolífica publicación, donde todos piensan que tienen*

Rudolf Albert von Kölliker (Zúrich, 1817 - † Wurzburgo, 1905) fue un anatomista, embriólogo, fisiólogo, zoólogo y botánico suizo. Fue nombrado miembro extranjero de la Royal Society inglesa en 1860, y en 1897 se le concedió el más alto rango de estima, la medalla Copley. También recibió la medalla linneana en 1902. Alois Alzheimer se basó en los experimentos realizados en el laboratorio de Kölliker para realizar parte de su tesis doctoral. Junto a su retrato, una de las primeras imágenes de «Rayos-X» tomada por Wilhelm Röntgen el 23 de enero 1896, muestra la estructura ósea de la mano del propio Kölliker.

algo importante que decir y donde muchos publicitan las pequeñas cosas que han encontrado una y otra vez, Alzheimer nunca saltó a la arena si no tenía algo importante que mostrar.»

Como vemos, igual que ahora.

La incidencia de la enfermedad de Alzheimer aumenta con la edad. A partir de los 65 años, la posibilidad de sufrir un alzhéimer se dobla cada 5 años y medio. Hay quien piensa que si viviéramos más, todos padeceríamos una demencia de un tipo u otro, y los estudios estadísticos indican que el 75% de las personas de los países desarrollados desarrollaría la enfermedad de Alzheimer si vivieran hasta los cien años. Así que una de dos: o te mueres antes, o padeces la enfermedad de Alzheimer. De hecho, algunos patólogos aseguran que a partir de la edad madura, todos sufrimos la «enfermedad de Alzheimer» pero solo una parte, muchos desgraciadamente, desarrollan la «demencia de Alzheimer». Neuropatológicamente, se distinguen cuatro niveles según la aparición y extensión de la formación de placas y ovillos. Solo hay signos de disfunción mental a partir del final del nivel II o comienzos del tres por lo que se intentan buscar marcadores biológicos de los niveles más tempranos antes de que sean visibles los primeros signos de pérdida de memoria o que se puedan poner en marcha estrategias protectoras. Por tanto, los primeros signos de pérdida de memoria para que se puedan poner en marcha, algo que nos importa a todos.

En los próximos quince años el número de personas con alzhéimer en España aumentará en torno a un 25%. Ciertos factores de riesgo, como la enfermedad cardiovascular, el tabaco, la hipertensión y la diabetes, son también muy frecuentes entre la población mayor de nuestro país. Hace poco más de cien años que conocemos esta enfermedad y ya es de las que marcan nuestro futuro.

Según la Asociación de Alzheimer los diez signos de alarma de esta enfermedad son los siguientes:

— Pérdida de memoria que afecta a la capacidad laboral.
— Dificultad para llevar a cabo tareas familiares.
— Problemas con el lenguaje.
— Desorientación en tiempo y lugar.
— Juicio pobre o disminuido.
— Problemas con el pensamiento abstracto.
— Colocar cosas en lugares erróneos.
— Cambios en el humor o en el comportamiento.
— Cambios en la personalidad.
— Pérdida de iniciativa.

Pero recuerda, todos olvidamos cosas de vez en cuando o colocamos objetos fuera de su sitio. Perder la iniciativa, al entrar en una discoteca por ejemplo, puede ser un síntoma de sensatez y no precisamente de enfermedad mental.

📖 PARA LEER MÁS:

- Alzheimer A (1906). Über einen eigenartigen schweren Erkrankungsprozeß der Hirnrinde. Neurologisches Centralblatt 23: 1129-1136.
- Corrada MM, Brookmeyer R, Paganini-Hill A, Berlau D, Kawas CH. (2010) Dementia incidence conti-

nues to increase with age in the oldest old: the 90+ study. Ann Neurol. 67(1):114-121.

- Graeber, MB, Kösel S, Egensperger R, Banati RB, Müller U, Bise K, Hoff P, Möller HJ, Fujisawa K, Mehraein P. (1997). Rediscovery of the case described by Alois Alzheimer in 1911: historical, histological and molecular genetic analysis. Neurogenetics 1: 73-80.
- O'Brien, C (1996) Auguste D. and Alzheimer's disease. Science 273: 28.
- http://www.ibro.info/Pub/Pub_Main_Display.asp?LC_Docs_ID=3445

Los pollos y el miedo

La pituitaria o hipófisis es una glándula redondeada, situada en la base del cerebro, y que vierte a la sangre nueve hormonas que controlan la homeostasis, el equilibrio funcional del organismo. Es un elemento clave en la integración hormonal entre el sistema nervioso y el resto del cuerpo. Entre sus funciones están cosas tan importantes como el crecimiento, el control de la presión arterial, la producción de leche para la lactancia, la regulación del tiroides, el control del metabolismo, la regulación de la temperatura, la conservación del agua y los equilibrios salinos del cuerpo, y las funciones sexuales.

La pituitaria tiene un papel destacado en la Historia de la Neurociencia porque Descartes situó allí el asiento del alma y también consideraba que allí era donde se formaban todos los pensamientos. Aunque Descartes es recordado en la actualidad por sus contribuciones a la Filosofía y la Matemática, tenía un gran interés por la Fisiología y la Anatomía del cuerpo humano. Según Watson «*si Descartes estuviera vivo hoy, sería el responsable de los escáneres de un gran hospital de investigación.*» Mucho de lo que dijo de la pineal, llamada así por los romanos porque decían que se parecía a un piñón, estaba equivocado, pero eso es otra historia.

Lenin durante la Revolución de 1917 [*Encyclopædia Britannica*]. Vladímir Ilich Lenin (Simbirsk, 1870 - † Gorki, 1924), conocido como Nikolai Lenin o Lenin, acabaría siendo el primer dirigente de la Unión Soviética. Revolucionario ruso, importante líder bolchevique, y principal dirigente de la Revolución de Octubre, fue autor de un corpus teórico y práctico (leninismo o marxismo-leninismo) pensado para modificar la situación política, económica y social de Rusia de principios del siglo XX.

La Familia Imperial rusa en 1913. En la medianoche del 17 de julio de 1918, el zar Nicolás II y su familia (Alejandra Romanova, Olga, María, Anastasia, Alexis y Tatiana) fueron llevados al sótano de la Casa Ipátiev donde fueron fusilados, junto a algunos sirvientes cercanos.

Andrew Vladimir Nalbandov, «Andy», era un fisiólogo que en 1940 estaba intentando saber sobre estas cosas, cuál era la función de la pituitaria. Su historia es como la de tantos rusos con educación y medios económicos que tuvieron que huir tras el triunfo de la Revolución de 1917. Nalbandov había nacido en la península de Crimea, en Simferopol. Los bolcheviques habían ejecutado a seis de sus tíos y, tras el asesinato de su abuela, él y sus padres huyeron a Constantinopla. El muchacho quedó separado del resto de la familia, viviendo como un vagabundo en las calles durante un año, hasta que pudieron reunirse gracias a la ayuda de la Cruz Roja norteamericana. Vivieron en Niza, París y Munich donde su hermana, Kathryn, mantuvo la «habitación rusa», un piso franco para fugitivos de los campos de concentración, desertores, prisioneros de guerra y todo tipo de rusos anticomunistas. En 1935, Andrew recibió una beca de la Universidad Estatal de Oklahoma y emigró a los Estados Unidos. En 1940 se trasladó a la Universidad de Illinois y se convirtió en un líder en fisiología aviar, aunque, como nunca había recibido una titulación en Avicultura, le redujeron el salario de 2.400 dólares a 2.200.

En aquella época había una aproximación experimental para conocer la importancia y función de un órgano un tanto burda, pero que funcionaba. Extraes la estructura, en este caso se llama una hipofisectomía, y compruebas lo que le pasa al organismo. Con este mismo tipo de aproximación experimental, Banting y Best pudieron demostrar que la insulina extraída del páncreas de unos perros podía curar a otros perros con el páncreas destruido y que morían muy pronto por algo muy parecido a una diabetes.

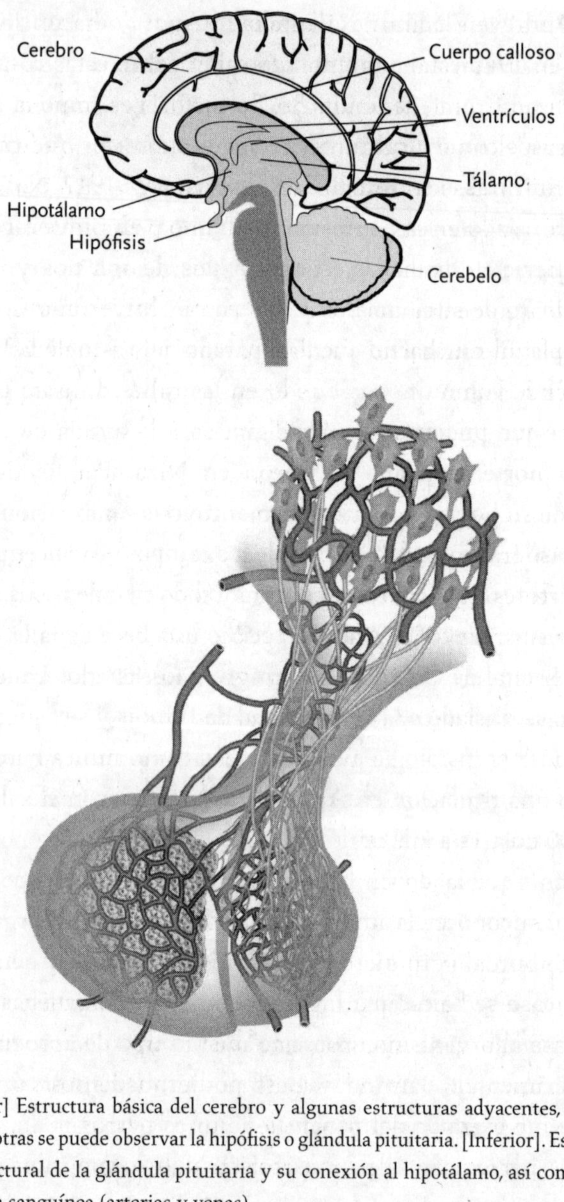

[Superior] Estructura básica del cerebro y algunas estructuras adyacentes, donde entre otras se puede observar la hipófisis o glándula pituitaria. [Inferior]. Esquema estructural de la glándula pituitaria y su conexión al hipotálamo, así como su irrigación sanguínea (arterias y venas).

Pues bien, Nalbandov estaba intentando hacer lo mismo con la pituitaria o hipófisis, pero el problema es que ésta está localizada, como hemos dicho, debajo del cerebro y no es fácil llegar a ella quirúrgicamente. Todos sus intentos de obtener pollos hipofisectomizados terminaban con la muerte de la pobre ave en pocos días, con lo que no podía investigar para qué demonios valía la pituitaria. Puesto que ya se conocía su implicación en el control de los ciclos reproductores, entender el funcionamiento de la hipófisis podía mejorar la producción de huevos y pollos en las granjas avícolas. Nalbandov estaba dispuesto a abandonar su investigación y buscar otro proyecto cuando de repente un 98% de aquellos pollos operados empezaron a sobrevivir tres semanas y muchos de ellos seguían vivos seis meses después. Nalbandov pensó que su técnica quirúrgica había mejorado, ya no causaba tanto daño al ir a por la pituitaria y por eso los animales vivían. Podía entonces plantearse un experimento importante, con tiempos de supervivencia adecuados y objetivos ambiciosos. Pero, de repente, los pollos empezaron a morirse otra vez, tanto los que llevaban seis meses vivos como los que acababa de operar. Por tanto, no era que su destreza como cirujano hubiese mejorado sino que algún otro factor era responsable de su supervivencia. Siguió adelante con su proyecto porque entonces sabía que era posible, que era factible, que había algo que se le escapaba pero los animales hipofisectomizados podían vivir si conseguía averiguarlo. De repente volvió a tener otro periodo bueno, los animales sobrevivían de nuevo por tiempos prolongados. Aprovechó para comprobar todos los registros del laboratorio, exploró la posible presencia de enfermedades en las aves y cualquier otro factor que se le ocurrió, pero no conseguía encontrar una explicación. Él contaba después «*te puedes imaginar lo frustrante que era ser incapaz de aprovechar algo que obviamente tenía un profundo efecto en la capacidad de estos animales para superar la operación.*»

Entonces, una noche, volvía a casa a las dos de la mañana después de una larga fiesta —sí, los investigadores también salen de fiesta alguna vez—. Su camino pasaba cerca del edificio de laboratorios y se dio cuenta de que las luces de la sala de los animales estaban encendidas a esa hora de la noche. Pensó que algún estudiante descuidado las había dejado encendidas y detuvo el coche para ir a apagarlas. Pocos días después se dio cuenta de que nuevamente las luces habían estado prendidas toda la noche. Investigó y encontró que un conserje, que era nuevo y sustituía en ocasiones al que estaba habitualmente, y que tenía que comprobar a medianoche que todas las ventanas y puertas estaban cerradas, prefería dejar encendidas la luz en la habitación donde estaban las jaulas de los pollos para poder encontrar la salida. Después de hacer las averiguaciones oportunas, resultó que los dos periodos de supervivencia de los animales coincidían con dos temporadas donde el conserje que trabajaba era el sustituto, que dejaba la luz encendida. Una nueva batería de experimentos pronto demostró que los pollos hipofisectomizados mantenidos en oscuridad morían todos, mientras que los pollos que tenían luz, al menos en dos períodos de una hora cada noche, vivían indefinidamente. La explicación fue que los pollos en la oscuridad no comían y desarrollaban hipoglucemia (bajo nivel de azúcar en la sangre) de lo cual no se podían recuperar en las horas del día, mientras que los pájaros que tenían luz y se alimentaban algo durante la noche, mantenían unos niveles de glucosa en sangre más normales y no morían.

Nalbandov pudo desarrollar su trabajo y se inició una nueva era en la investigación sobre la hipófisis y las hormonas que producía. También se vio que la pituitaria era clave no solo en las aves de corral, sino también en las aves migratorias. Al final del verano, la disminución de las horas de luz solar hace que la hipófisis produzca prolactina y las glándulas adrenales, corticosterona. Estas hormonas causan que las aves acumulen gran cantidad de grasa bajo la piel, para tener energía para el viaje. Las casualidades que incidieron en el trabajo de Nalbandov impulsaron un control mucho más eficiente de las condiciones de estabulamiento de los animales de experimentación. En la actualidad, en prácticamente cualquier trabajo científico con animales, se indica el número de horas de luz y oscuridad presente en los animalarios. Y es que nunca hay que menospreciar la importancia en un experimento de un conserje miedoso.

📖 PARA LEER MÁS:

- Gratzer, W. (2002) Eurekas and euphorias. *The Oxford book of scientific anecdotes*. Oxford University Press, Oxford. pp. 119-120.
- Watson, R. A., 2002, *Cogito Ergo Sum: The Life of René Descartes*. David R. Godine, Boston.

La mujer que inventó la máquina de abrazar

Temple Grandin es una mujer interesante. Es Doctora en Zootecnia y Profesora de la Universidad del Estado de Colorado. Tiene su propia página web y ha inventado una máquina para abrazar, que se usa para calmar tanto a animales estresados, como a personas hipersensibles. En 2010 fue elegida por la revista Time como una de las 100 personas más influyentes del planeta, en la categoría de «Héroes». Ella protagoniza un capítulo del libro de Oliver Sacks *Un antropólogo en Marte*; de hecho, fue ella quien le proporcionó el título del libro hablando sobre cómo se sentía entre la gente que la rodeaba. Además, es consultora de McDonalds y Burger King, entre otras empresas, y se ha hecho una película sobre su vida que ha ganado siete premios Emmy. Y tiene autismo.

Temple Grandin se encuentra en el extremo más favorable de eso que llamamos los trastornos del espectro autista (TEA). No padece discapacidad intelectual, habla correctamente y nos ayuda a ver el mundo desde los ojos de alguien con ese trastorno. Al mismo tiempo, impulsa la mejora de la educación, el tratamiento, la concienciación y la mirada social sobre las personas que tienen autismo. También es respetada en todo el mundo por su preocupación por el bienestar de los animales y el uso humano de la cabaña ganade-

Temple Grandin (Boston, Massachusetts, 1947) rodeada de vacas. A los pocos años de edad algunos especialistas dijeron a sus padres que tenía dañado el cerebro. Casi por casualidad, con 16 años, tomó unas pequeñas vacaciones en la granja que su tío tenía en Arizona. Observó un artilugio muy rudimentario que se usaba para tranquilizar al ganado cuando los veterinarios los exploraban: dos grandes planchas metálicas que comprimían lateralmente a las vacas. La suave presión las relajaba. Pensó en construir un aparato similar para ella misma: la máquina de abrazar. Cuando entró en la escuela especial para niños con problemas emocionales, sus profesores la animaron a que la construyera. La máquina permitía a la persona que la usaba controlar el abrazo mecánico... Hay clínicas para tratamiento de niños autistas que aún utilizan la ingeniosa máquina inventada por Temple.

ra. ¡Ojalá hubiera más como ella!, gente que nos hace ver lo mucho que debemos a las personas con autismo y lo que ellas pueden contribuir a nuestra sociedad, que es también la suya. Su autobiografía, publicada en 1986, fue un auténtico aldabonazo sobre las conciencias, y derribó numerosos estereotipos. No solo cambió la forma en que las personas normotípicas vemos a las que tienen autismo. Por primera vez, una autista nos devolvió la mirada, nos dijo cómo se sentía y cómo le hacíamos sentir, qué significaba el autismo para ella y qué esperaba de nosotros. Y su estela parecen seguirla hoy numerosas personas con autismo leve, lo que se llama autismo de alto funcionamiento, que ya no se consideran discapacitadas sino distintas, con ciertas desventajas pero también con algunas ventajas sobre la población «normal».

Las personas con autismo, entre otros problemas, experimentan dificultades para establecer categorías, para extraer generalidades a partir de datos inconexos. No poseen capacidad de abstracción y, aunque pueden manejar un listado interminable y desestructurado de detalles, les resulta difícil separar lo importante de lo accesorio. No usan categorías genéricas, sino una panoplia de particularidades, una lista de objetos individuales. Grandin escribía: «*mi concepto de barco está unido a cada barco concreto que he conocido. Hay un Queen Mary y un Titanic, pero no un 'barco' genérico*». Por así decirlo, los árboles no les dejan ver el bosque; ven una sucesión de árboles, cada uno diferente, independiente y único, y no una comunidad vegetal.

En 1942, un año antes de que Leo Kanner describiera el autismo por vez primera, Jorge Luis Borges presentó así al protagonista de su relato «Funes el memorioso»: «*No sólo le costaba comprender que el símbolo genérico 'perro' abarcara tantos individuos dispares de diversos tamaños y diversa forma; le molestaba que el perro de las tres y catorce (visto de perfil) tuviera el mismo nombre que el perro de las tres y cuarto (visto de frente).*» Es llamativamente parecido a lo que estoy contando.

La ventaja de ver los árboles y no ver el bosque es que se les puede dar muy bien ver los árboles. La empresa danesa Specialisterne, fundada por el padre de un chico autista y dedicada a las tecnologías de la información y la comunicación, decidió aprovechar algunas características de las personas con autismo, como la memoria y la atención a los detalles, y consiguió unos saneados beneficios. La empresa tiene 48 empleados, 38 de ellos autistas. Michelle Dawson, una investigadora canadiense de la Universidad de Montreal, dedicada a la neurociencia cognitiva y afectada también de autismo, se enfrenta con temor a la idea de que las personas con autismo que valen para ese tipo de actividad, puedan ser vistas como robots que meten datos en ordenadores. En su opinión: «*Decir qué tipo de trabajo es apropiado para un autista es cómo preguntar qué tipo de trabajo es apropiado para una mujer.*»

A algunos profesionales dedicados al autismo y a bastantes padres les preocupa esa imagen positiva porque piensan que puede perjudicar a los programas y apoyos sociales que necesitan. Un padre cuyo hijo no puede alimentarse por su cuenta, ni usar el servicio sin ayuda, se enojará con razón al oír que el autismo puede ser una enfermedad ventajosa. Pero puede que otro padre, cansado de noticias negativas, desfavorables, sobre la realidad y las perspectivas de su hijo, agradezca un poco de aire distinto, una nueva mirada, una puesta en valor de algo rodeado aún de interrogantes. Seguimos sin saber cómo surge el autismo, carecemos de marcadores diagnósticos y discutimos cuál es el mejor tratamiento posible para las personas afectadas.

Temple Grandin pronunció una conferencia en Long Beach, California, en febrero de 2010. Allí, en una región llena de los «raritos» que han desarrollado la industria informática hasta límites impensables, dijo que Silicon Valley no existiría sin el autismo y que la propia sala llena de gente que había ido a escucharla, estaba probablemente repleta de «genética del autismo». La charla de Grandin se titulaba «El mundo necesita todo tipo de mentes». Tiene toda la razón.

📖 PARA LEER MÁS:

- Grandin, T. y M.M. Scariano (1986) *Emergency: Labeled autistic*. Warner Books, Nueva York.
- Grandin, T. (1996) *Thinking in pictures and other reports from my life with autism*. Vintage Books, Nueva York.
- Sacks, O. (2001) *Un antropólogo en Marte: siete relatos paradójicos*. Ed. Anagrama, Barcelona.
- Wolman, D (2010) The autie advantage. New Scientist 2758: 33-35.

Ser un campeón de la memoria

En 1942, Jorge Luis Borges publicó en La Nación un cuento titulado «Funes el memorioso». Posteriormente, incluyó este relato en su libro *Ficciones* (1944) protagonizado por un curioso personaje uruguayo, Irineo Funes, lleno de rarezas como saber «*siempre la hora, como un reloj*». A los 19 años, Funes sufrió un accidente y perdió el conocimiento; tras recobrarlo, notó que su memoria se había vuelto tan extensa, que podía recordar todos los detalles, como la forma de las nubes en cada minuto de un día determinado, y además eterna, pues era incapaz de olvidar. Funes le explica al estudiante porteño que hace de narrador: «*Más recuerdos tengo yo que los que habrán tenido todos los hombres desde que el mundo es mundo.*» Es posible que Borges se inspirara en un ensayo de Nietszche titulado *De la utilidad y de los inconvenientes de los estudios históricos para la vida*. En el ensayo, subrayado por Borges en su biblioteca personal, el filósofo alemán propone que imaginemos «*a un hombre que estuviera absolutamente desprovisto de la facultad de olvidar y que estuviera condenado a ver en todas las cosas el devenir*», aunque Nietszche lo aplica sobre el efecto de la Historia en la sociedad.

Jorge Francisco Isidoro Luis Borges (Buenos Aires, 1899 - Ginebra, 1986). Escritor y uno de los personajes más importantes de la literatura del siglo pasado. Autor polifacético, cultivó casi todos los géneros literarios: Ontologías fantásticas, genealogías sincrónicas, gramáticas utópicas, geografías novelescas, múltiples historias universales, bestiarios lógicos, silogismos ornitológicos, éticas narrativas, matemáticas imaginarias, *thrillers* teológicos, nostálgicas geometrías y recuerdos inventados.. son solo una parte del inmenso paisaje que las obras de Borges ofrecen.

En el relato borgiano, el estudiante le ha dejado a Funes algunos libros en latín, entre ellos un tomo de la *Naturalis Historia* de Plinio, y Funes refiere a su visitante los casos de memoria prodigiosa allí recogidos: «*Ciro, rey de los persas, que sabía llamar por su nombre a todos los soldados de sus ejércitos; Mitrídates Eupator, que administraba la justicia en los 22 idiomas de su imperio; Simónides, inventor de la nemotecnia; Metrodoro, que profesaba el arte de repetir con fidelidad lo escuchado una sola vez.*» Personas con una capacidad asombrosa que nos sorprende y nos maravilla.

Existen campeonatos en el mundo real para identificar a las personas con esa capacidad, un gran desarrollo de la memoria. En noviembre de 2009, un hombre de negocios chino, Lu Chao, consiguió recitar los sucesivos decimales del número pi hasta la posición 67.890. Tardó veinticuatro horas y seis minutos en decirlos. Como todos los expertos en estos concursos, usó trucos nemotécnicos. Para recordar una lista impresionante de números como esa, sin sentido e imposibles de calcular mentalmente, asignó consonantes a los números del 0 al 9. Luego los separó en grupos de cuatro y asignó vocales aleatorias para formar algo parecido a palabras. Entonces convirtió esas palabras en imágenes y las fue colocando en un recorrido, un viaje o las distintas habitaciones de un gran edificio, lo que los nemotécnicos llaman el «palacio de la memoria». Luego volvió a recorrer ese camino, en el mismo orden de pisos y habitaciones, haciendo una traducción inversa de las imágenes a las letras, y de las letras a los números originales. El mismo sistema se utiliza para recordar palabras inconexas o las cartas que han salido de una baraja.

Además de los **caminos de asociaciones**, los campeones de la memoria utilizan diversos sistemas:

Usar **pistas visuales**. Esto resulta útil, por ejemplo, para recordar los nombres de personas. Si nos están presentando a alguien que se llama Miguel Santos, podemos imaginar en ese momento que se señala a sí mismo y luego asiente diciendo que está bien (¿mí?-well) y a continuación señala una mesa llena de figuras de santos.

Crear **pequeñas historias**. Una prueba habitual en los campeonatos de memoria es recordar tantos números de una lista aleatoria como sea posible. Nelson Dellis, campeón en Estados Unidos, consiguió memorizar 178 utilizando el método de paquetes numéricos. Él asocia números de dos cifras a pequeñas historias con un personaje famoso, una acción y un objeto. El 17 puede ser, por ejemplo, Zapatero pelando un plátano (sin segundas lecturas, por favor). El 24 es Ana Belén bebiendo agua. Un número complejo como 172417 se puede recordar como Zapatero-bebiendo-un plátano (insisto, sin segundas). Es un método complicado, que necesita muchas horas para memorizar el «código» y solo resulta útil para quien se gana el pan en estos concursos de memoria y en exhibiciones. Sin embargo, existen muchos ejemplos de pequeñas frases para recordar listas de términos usadas por los estudiantes de muchas disciplinas. Por poner un ejemplo, en Astrofísica el orden de los espectros de las estrellas —escala de Hertzsprung-Russell— sigue la siguiente secuencia: OBAFGKMRNS. Es más fácil de recordar con la frase «*Oh Be A Fine Girl, Kiss Me Right Now,*

Sweetheart» («Oh, sé una buena chica y bésame ahora mismo, cariño»). Los tres últimos grupos (RNS) se consideran ahora subdivisiones de las estrellas de la clase M.

Repetir, repetir y repetir. Cada vez que releemos unos apuntes, estamos reforzando los engramas de memoria, los circuitos cerebrales asociados a un recuerdo. Los campeones que recuerdan cartas asociándolas a objetos repasan una y otra vez las cartas, pero no para aprenderse la baraja, sino para reforzar esas asociaciones que han construido en su mente.

Examinarse de lo aprendido. Los estudios científicos demuestran que si a unas personas se les dan unas horas para que recuerden algo (por ejemplo, palabras en otro idioma) y a otros se les concede el mismo tiempo pero se les examina cada hora, los resultados son mucho mejores en el segundo grupo, aunque todos los sujetos del experimento se estén esforzando en recordar los términos que deben aprender. La excitación, la ansiedad, la búsqueda del éxito, hacen que el examen se convierta por sí mismo en un auténtico refuerzo del aprendizaje, probablemente por el efecto emocional como componente accesorio de la memoria.

Evitar distracciones. Suena elemental pero se ha comprobado que ser distraído por otros pensamientos o por estímulos externos es el mayor enemigo a la hora de memorizar algo. Cada uno debe encontrar el sistema, lugar de trabajo, horario y ambiente que le ayude a evitar esas distracciones. Por ejemplo, hay quien usa tapones para los oídos para no oír ruidos, o estudia en una biblioteca, donde sabe que no debe sonar su teléfono móvil.

Ejercitar también el cuerpo. Aunque los ganadores de los concursos de memoria se llaman a sí mismos atletas mentales, prácticamente todos ellos, al igual que los jugadores de ajedrez, están en buena forma física. Es el viejo adagio latino de *Mens sana in corpore sano*.

Utilizar varios sentidos a la vez. Por ejemplo, si cuando estudiamos, repetimos palabras en voz alta, nos será más fácil recordarlas que si solo las leemos, pues estamos usando también el oído. Una imagen característica de los niños que vemos aprendiendo el Corán o la Torah es cómo se balancean rítmicamente al tiempo que recitan en voz baja los versículos. Combinan vista, oído y equilibrio. Dicen que un viejo rabino untaba las páginas con una disolución de miel, con lo que los niños, al pasar el dedo por los renglones del libro sagrado, impregnaban su dedo de miel, que luego chupaban. Era un refuerzo positivo, un dulce, y al mismo tiempo empleaban un sentido más: el gusto. Al estudiar, muchos se tocan el pelo, ponen música suave, colocan una varita de incienso, comen un trocito de chocolate, fuman o beben un café para memorizar unos apuntes antes de un examen. Están reforzando la capacidad memorística simultaneando varias entradas sensoriales.

Parece que esta capacidad de usar varios sentidos era uno de los méritos de Solomon Shereshevsky, uno de los más famosos nemotécnicos o memoriosos, estudiado por el neuropsicólogo ruso Alexander Luria. Shereshevsky era periodista y su editor se enfadó con él porque no tomaba notas cuando recibía instrucciones. Shereshevsky, que pensaba que todo el mundo tenía su misma capacidad, le repitió todas las instrucciones palabra por palabra. El editor le mandó al médico y fue allí donde Luria lo «descubrió». Shereshevsky tenía sinestesia, una rara cualidad mental en la que los sentidos se mezclan y se confunden. Así, por ejemplo, cada uno de los colores se acompaña de un olor característico. Él veía los números con personalidades características (el 1 era un hombre envarado y rígido; el 2, una mujer sensual y alegre; el 3 un hombre mustio, oscuro, y así sucesivamente). En su caso, las palabras oídas o leídas generaban un color brillante y una sensación llamativa en el gusto, lo que hacía más fácil recordarlas.

La capacidad de Funes se muestra en el relato de Borges como una desgracia: su memoria prodigiosa le hace incapaz de pensar. «*Pensar es olvidar diferencias, es generalizar, abstraer.*» Del mismo modo, en su ensayo filosófico Nietzsche señala: «*Tanto las dichas grandes como las pequeñas son siempre creadas por una cosa: el poder de olvidar o, para expresarme en el lenguaje de los sabios, la facultad de sentir.*» A Shereshevski su don le amargó la existencia. Ser incapaz de olvidar le causaba grandes problemas para comunicarse con los demás porque todos los recuerdos se le agolpaban en el cerebro haciéndole casi imposible mantener una conversación fluida con nadie. Tuvo que desarrollar trucos para conseguir hacer desaparecer las memorias de su cabeza y llevar una vida más normal, como colocarlas en una pizarra mental e irlas borrando. Así que pueden estar en lo cierto esos que opinan que tener una buena memoria es una desgracia, pero no en época de exámenes.

PARA LEER MÁS:

- Borges, J.L. (1944, ed. 1978) *Ficciones*. Ed. Alianza. Madrid.
- Nietzsche, F. (1967) *Consideraciones intempestivas. De la utilidad y de los inconvenientes de los estudios históricos para la vida*. Ed. Aguilar, Madrid.

La chispa de la vida: De la resucitación a la electroterapia

En enero de 1803, el cadáver de George Forster fue transportado con rapidez desde los sótanos de la prisión de Newgate, en Londres, al edificio del Real Colegio de Cirujanos. Forster era un criminal condenado por haber asesinado a su mujer y su hijo, y acababa de ser ahorcado. Delante de una audiencia de médicos y curiosos, Giovanni Aldini iba a presentar un espectáculo «anatómico» con aquel cuerpo todavía caliente. Aldini elogió la «*mente iluminada*» de los legisladores británicos que permitían aprovechar los cadáveres de los criminales ejecutados en Inglaterra para su uso en la experimentación médica. Su demostración en Londres «*superó nuestras expectativas más optimistas*», escribió más tarde con entusiasmo, y añadió que había tenido tanto éxito, que «*el vitalismo podría, tal vez, ser restaurado.*» Investigadores de toda Europa estaban en esos momentos buscando el secreto de la vida, la «fuerza vital», usando como herramienta la electricidad.

Decidido a comprender cómo funcionaba lo que él llamaba la «máquina animal humana», Aldini sabía que necesitaba cuerpos que hubiesen fallecido recientemente y que «*retuvieran... los poderes vitales en su máximo grado de*

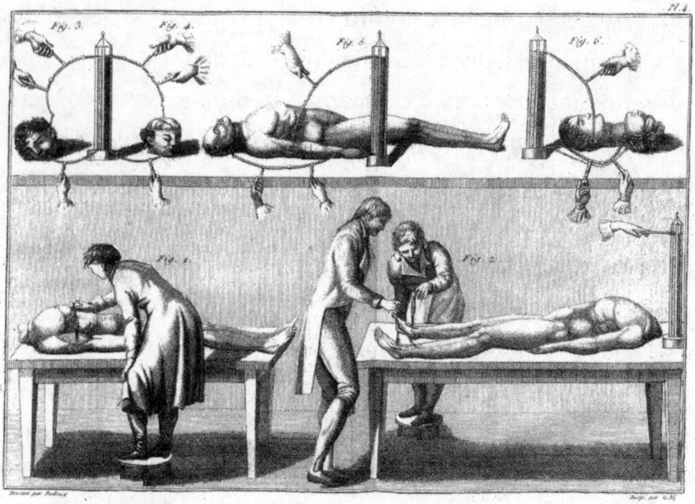

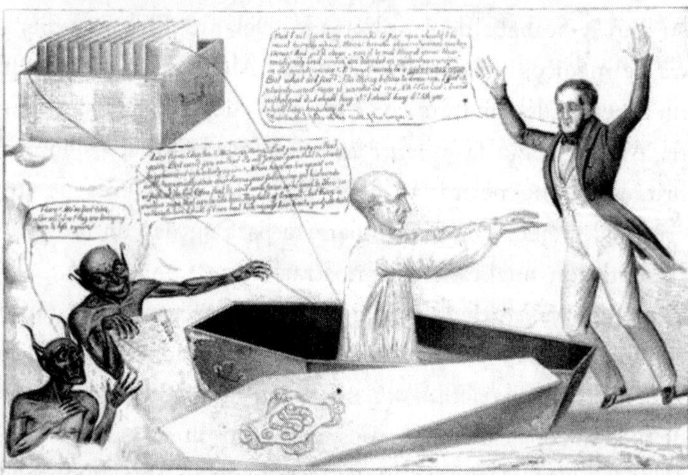

Ilustraciones (algunas satíricas) de los experimentos realizados por Aldini.

preservación». Su solución fue usar a criminales ejecutados, ya fueran ahorcados o decapitados: «*me vi obligado, si se me permite la expresión, a colocarme debajo del patíbulo, cerca del hacha del verdugo, para recibir los cuerpos todavía sangrando de los desafortunados criminales, los únicos sujetos apropiados para mis experimentos.*»

En su demostración en Londres, Aldini usó una gran batería húmeda, la llamada «pila voltaica», un invento que Alessandro Volta había presentado tan solo tres años antes. Con dos cables de cobre empezó a aplicar descargas en la cara del cadáver de Forster. Entonces, la mandíbula empezó a temblar, los músculos adyacentes comenzaron a contraerse en una mueca terrible y el ojo izquierdo se abrió de repente. De allí bajó al pecho, que pareció moverse como en la respiración y el puño pareció levantarse y golpear en el aire, como si Forster estuviera furioso con lo que le estaban haciendo. El clímax de la actuación se produjo cuando Aldini colocó sus cables en el recto del cadáver, sus piernas patearon, su espalda se arqueó violentamente y parecía que el asesino iba a volver a la vida en cualquier momento.

Los efectos de la exhibición no acabaron allí. Un tal señor Pass, bedel del Real Colegio de Cirujanos, tremendamente afectado por lo que había visto, murió poco después. El Newsgate Calendar, una gacetilla que informaba de los crímenes y las ejecuciones en la prisión, comentó su preocupación de que los científicos devolvieran la vida a los criminales más rápido de lo que los propios verdugos daban cuenta de ellos. El editor mostraba al menos su tranquilidad porque, sin duda, si el reo revivía tendría que ser nuevamente eje-

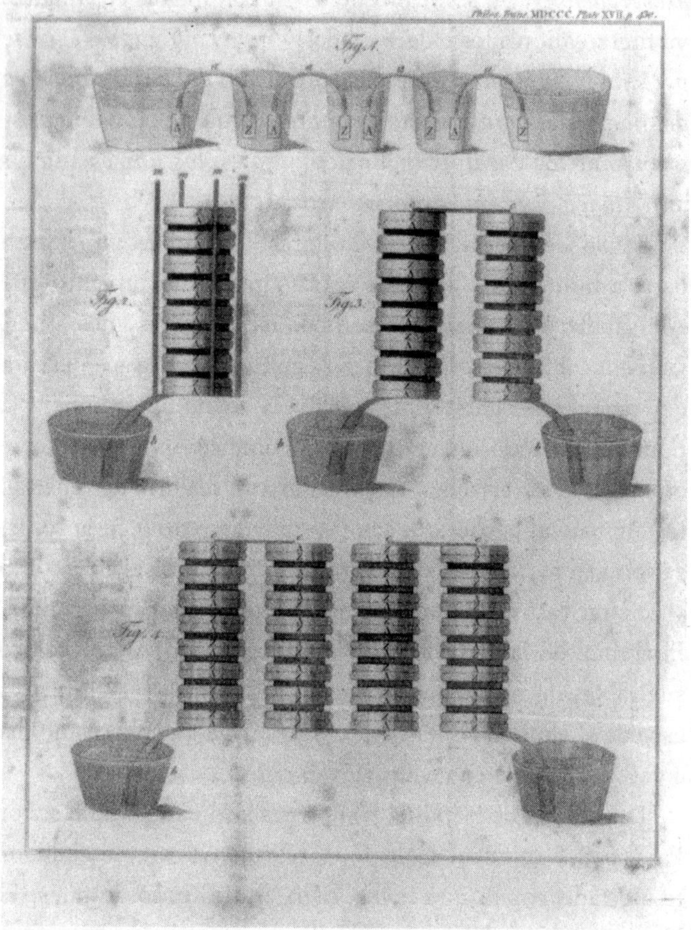

Diagrama de la primera batería, fabricada por capas de metal y almohadillas de cuero alternas, empapadas en solución salina. Con dos discos metálicos separados por un conductor húmedo, pero unidos con un circuito exterior, se logra por primera vez producir corriente eléctrica continua, el electróforo perpetuo, un dispositivo que una vez que se encuentra cargado, puede transferir electricidad a otros objetos, y que genera electricidad estática. [*Library of Congress*, Washington, D.C., USA]

cutado, ya que la sentencia del juez era la horca «hasta la muerte».

Aldini era catedrático de Física en la Universidad de Bolonia, la misma universidad donde su tío, Luigi Galvani, era catedrático de Anatomía. El propio Galvani había dirigido durante tres años el llamado Carnaval Anatómico, en el que el cuerpo de un criminal era diseccionado en 16 fases delante de un público a la vez extasiado y horrorizado. Galvani estaba interesado en el llamado «*fluido eléctrico*», un jugo que se generaría en el cerebro, fluiría a través de los nervios y dotaría a los músculos de su fuerza. Las teorías de Galvani encajaban con las ideas de finales del siglo XVIII sobre una fuerza vital, un líquido o gas que dotaría a los cuerpos inanimados de la capacidad de movimiento y las demás actividades de un ser vivo.

No era la primera vez que se observaban los efectos de la electricidad en un organismo. Ya en tiempos de los romanos, se utilizaron peces eléctricos para curar enfermedades. Los pacientes, afectados de artritis, gota o parálisis, se colocaban descalzos encima de anguilas o torpedos hasta que el potencial eléctrico del pez se daba por agotado. Scribonius Largus, un médico de lo que ahora llamaríamos gente famosa y que vivió en el primer siglo después de Cristo, escribía en el año 46:

> *«El dolor de cabeza, incluso si es crónico e insoportable, desaparece y es curado para siempre por un torpedo negro vivo situado en el lugar del dolor.»*

Podemos imaginar a este médico romano colocando el pez por distintas partes del cuerpo del paciente. Scribonius debía

La anguila eléctrica (*Electrophorus electricus*) conocida también como temblador, pilaké o morena, puede realizar descargas eléctricas de hasta 600 voltios, gracias a que posee unas células especializadas llamadas electrocitos. Emplea las descargas eléctricas para cazar (aunque la imagen inferior puede ser algo exagerada), defenderse de depredadores potenciales y para comunicarse con otros individuos de su especie. Los electrocitos son también usados por la rayas eléctricas y algunos «peces gato», para electrogénesis y electrorrecepción. Son células en forma de discos que están dispuestas en una secuencia de manera similar a una batería eléctrica. Cada una de ellas puede producir hasta 0,15 V... y pueden tener miles. Funcionan gracias a una bomba de iones sodio y potasio. Los electrocitos postsinápticamente, trabajan como un tejido muscular. Estas estructuras celulares se usan en muchos experimentos gracias a su parecido con las uniones nervio-musculares.

de estar convencido de su tratamiento y ser un médico afamado y respetado, porque al año siguiente, en el 47, trataba con sus peces eléctricos las migrañas del hombre más poderoso de su época, el emperador Claudio.

Aquellas técnicas quedaron en desuso, en parte por los comentarios negativos de Galeno sobre ellas, hasta el siglo XVIII, en el que se dispuso, por primera vez, de fuentes artificiales de electricidad fiables y continuas. John Wesley, el fundador de la Iglesia Metodista, escribió un libro titulado *Primitive Physick* en el que recogió 288 problemas médicos que, según él, podían ser prevenidos o curados por la electricidad. Wesley escribió que

> «*estaba firmemente persuadido de que no existía remedio en la Naturaleza para los trastornos nerviosos de cualquier tipo, comparable al uso adecuado y consistente de máquinas eléctricas*», y terminaba sugiriendo que «*entre 50 y 100 descargas serían la dosis adecuada en la mayoría de los casos.*»

De los científicos que analizaron los efectos de la electricidad en el organismo, el investigador clave fue Luigi Galvani. Galvani tenía distintas máquinas generadoras de electricidad tanto en la universidad, como en su casa, donde llevaba a cabo buena parte del trabajo con la ayuda de su mujer, Lucia Galeazzi. Había iniciado su investigación estudiando la anatomía comparada, en particular la del sistema excretor y la del oído de las aves. Sin embargo, a partir de 1772 estudió los movimientos musculares de las ranas y poco más tarde los efectos de los opiáceos en los nervios de las ranas. De ese modo, empezó a estimular los nervios y los músculos de estos anfibios. En el jardín de su casa, colgando de unos ganchos de bronce cuerpos de rana sin cabeza, vio que las ancas de aquellas ranas muertas se empezaban a contraer cuando la brisa las balanceaba y tocaban la barandilla de hierro. Galvani interpretó que los nervios llevaban a los músculos un fluido eléctrico. Volta, más tarde, demostró que la electricidad no provenía del animal, sino de los dos metales, hierro y bronce, con un contacto húmedo entre ellos, como el que generaba el rocío en la barandilla del jardín.

Parece que se produjo, además, un descubrimiento fortuito. Lucia, la esposa de Galvani, se dio cuenta de que mientras uno de los estudiantes de su marido disecaba el nervio ciático de un anca de rana, la pata del animal empezó a temblar cuando una chispa de la máquina electrostática saltó al bisturí. Vieron que podían repetir la observación con tejidos muertos si los escalpelos habían recibido una chispa antes o si conectaban directamente con la máquina electrostática mediante un cable. Galvani llamó a esta energía que provocaba el movimiento la «electricidad animal», en contraposición a la «electricidad artificial», obtenida, por ejemplo, frotando metales y un paño de lana, y a la «electricidad natural», que sería la del rayo. Demostró que en la relación entre nervios y músculos intervenía un componente eléctrico, y no simplemente canales acuosos, como se creía hasta entonces. Descubrió también que con la contracción de los músculos de la rana podía medir la intensidad de la corriente eléctrica, de modo que su modelo animal se convirtió en un auténtico galvanómetro biológico.

Galvani estudió también otros fenómenos. Sus experimentos con los metales y la corrosión le llevaron a obtener por primera vez el acero galvanizado, tan usado en la actualidad, pero eso es otra historia. ¡Volvamos al cerebro! El galvanismo, la técnica que curaba con electricidad distintas enfermedades y que provocaba el movimiento de animales y personas muertas, se convirtió en un espectáculo que recorría las capitales europeas. Galvani había probado a estimular directamente el cerebro, pero sin éxito. Aldini tuvo más suerte: al probar con el cerebro expuesto de bueyes, se observaron movimientos en los párpados, el hocico y los ojos. Aldini y otros «galvanistas» iniciaron experimentos para estudiar la respuesta del cuerpo a la corriente eléctrica. Las revistas médicas recogían informes con regularidad de cómo unas pocas chispas o potentes descargas eléctricas habían curado una enorme variedad de trastornos, de la parálisis a la apoplejía, del reumatismo a diferentes enfermedades mentales.

El uso médico de la electricidad, como sucede siempre con los avances sanitarios reales o ficticios, dio lugar a nuevos negocios. James Graham abrió en uno de los mejores barrios de Londres un lujoso «spa eléctrico» llamado Temple of Health («el Templo de la Salud»). Los visitantes podían oír las charlas de Graham sobre las virtudes de la electricidad mientras eran atendidos por bellas señoritas con no demasiada ropa. Una de ellas se llamaba Emma Lyons, más tarde conocida como Lady Hamilton, y que alcanzó la fama por ser la amante del mayor héroe naval británico, Horacio Nelson. El éxito de su establecimiento fue tal, que Graham tuvo que abrir un nuevo «Templo» en Pall Mall. Allí los clientes podían elegir entre sentarse en el «Trono Celestial», una silla eléctrica aislada del suelo mediante columnas de cristal, o bañarse en agua a través de la cual se pasaba una corriente eléctrica. Los que querían un tratamiento más convencional podían comprar píldoras o pociones imbuidas del poder revitalizador del «fuego celestial», una de las cuáles se denominaba el «Éter eléctrico». Esta mezcla de extractos de plantas servía, según Graham, para

> *«prevenir cualquier tipo de infección y para curar todas las enfermedades inferiores, nerviosas, persistentes y pútridas. Nada en la tierra puede igualar esta nobilísima quintaesencia. No solo previene los catarros y resfriados, sino que cualquiera que tenga que visitar tribunales, lugares públicos, personas enfermas o lugares donde hay cientos de personas corrientes acumuladas en pasillos, haría bien en tomar una cucharada de éter.»*

Para parejas ricas pero sin hijos estaba la Cama Celestial. Por solo 50 libras, los aristócratas británicos podían pasar la noche en una cama gigantesca con un colchón relleno de paja fresca, hojas, pétalos y crines de la cola de los mejores garañones ingleses. Un poco de música y unas chispas en el cabecero de la cama y la concepción de un heredero estaba garantizada. Para aquellos con afecciones del sistema nervioso o «constituciones decaídas o gastadas», el bálsamo etéreo (éter mezclado con vino) era la solución. Y si nada funcionaba, entonces las Píldoras Imperiales garantizaban curar cualquier mal que no estuviera en la lista de enfermedades curadas por los otros dos remedios.

La joya del montaje del Templo de la Salud de Graham era una máquina eléctrica gigantesca con cilindros de cristal que giraban, varillas conductoras y otra parafernalia diseñada para emitir chispas alrededor de esferas rodeadas de metal rellenas con las pociones de Graham y asombrar a sus crédulos clientes. Ocupaba diez habitaciones y su construcción costó una fortuna. Es como algunas clínicas actuales que gastan más en diseño, materiales de lujo y secretarias, que en comprobar la efectividad de sus tratamientos.

En épocas más recientes, el uso médico de la electricidad ha encontrado un último exponente en la terapia elec-

En *A Cognocenti contemplating ye Beauties of ye Antique* (1801), James Gillray caricaturiza la actitud de Sir William hacia el idilio entre Emma (Lady Hamilton) y Nelson. Emma está retratada como «Cleopatra» en el extremo superior izquierdo, y Nelson es el «Marco Antonio» que queda al lado.

troconvulsiva, lo que se conoce vulgarmente como el electroshock. Se mantiene como tratamiento para la depresión mayor, sobre todo la refractaria a otros métodos. Este uso de las corrientes eléctricas tiene opositores que señalan sus efectos adversos: pérdida de memoria y déficits cognitivos. Los defensores de esta terapia consideran que esos efectos secundarios son temporales, pues desaparecen al final del tratamiento, mientras que la depresión es una enfermedad devastadora que pone en riesgo la propia vida del paciente; además, la terapia electroconvulsiva puede ejercer un efecto positivo de una forma espectacular. Para los detractores de estos tratamientos, los beneficios son solo temporales y, en cambio, los efectos adversos se mantienen.

Nos hemos acostumbrado a ver en las películas al médico gritando ¡todos fuera! y dando unas descargas eléctricas para «resucitar», reanimar, al que ha entrado en parada cardíaca. Y es que el uso de la electricidad como tratamiento médico lleva ya dos mil años entre nosotros.

📖 PARA LEER MÁS:

- Noticia en el Newsgate Calendar http://www.exclassics.com/newgate/ng464.htm
- Pain, S. (2003) Lady Emma's shocking past. New Scientist 2394: 50-51.
- Pollard, J. (2010) *Boffinology. The real stories behind our greatest scientific discoveries.* John Murray. Londres. pp. 221-223.

Caníbales, vacas y priones

Papúa Nueva Guinea es el país con menor esperanza de vida del mundo, ocupa la mitad oriental de la isla de Nueva Guinea y forma parte de los países megadiversos. En el ámbito de la Neurociencia, esta gran isla del Pacífico es conocida sobre todo por el kuru.

En 1954, una patrulla australiana que estaba recorriendo las Eastern Highlands de Nueva Guinea, entonces territorio de Australia, indicó en un informe que algunos miembros de la tribu Fore del sur padecían una enfermedad desconocida que se manifestaba por temblores. Los Fore la llamaban *kuria*, que significa vibrar o temblar, y también *enfermedad de la risa*, porque las personas afectadas exhibían de vez en cuando la llamada «risa sardónica», una contracción forzada de la musculatura facial que deja al descubierto los dientes. Ahora la conocemos como «kuru».

En ese informe nº 8 de la patrulla de Kainantu, que va firmado por W.T. Brown, se decía:

> *«El primer signo de una muerte inminente es una debilidad general seguida por la incapacidad para mantenerse en pie. El enfermo se retira a su casa. Es capaz de tomar algo de alimento pero tiene tiritonas*

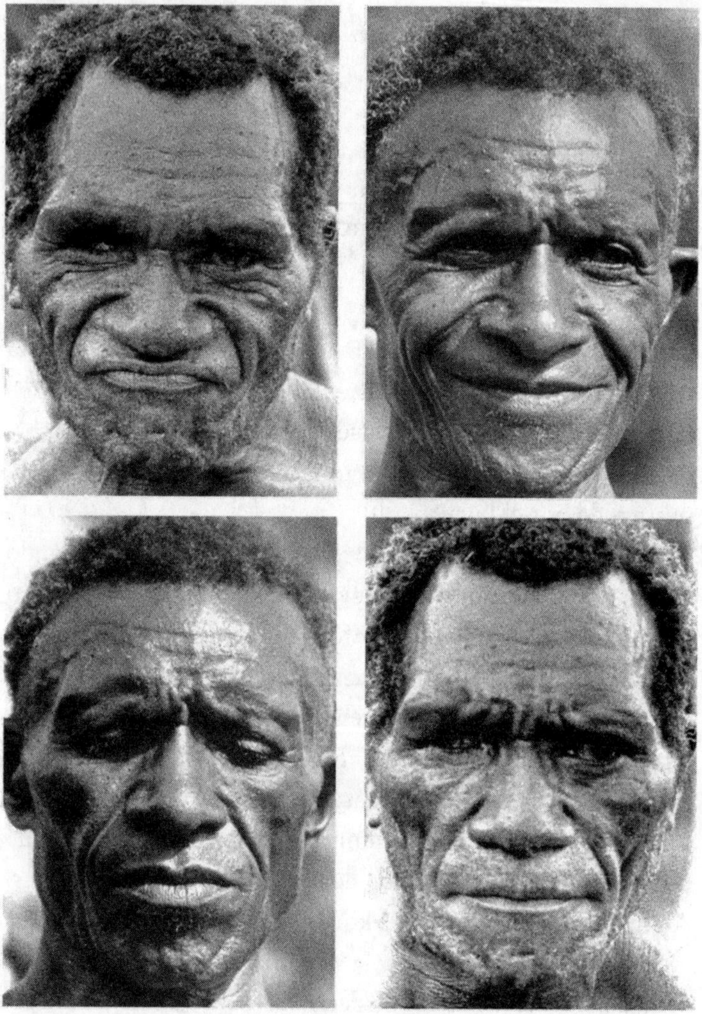

Al más puro estilo «darwiniano», el psicólogo Paul Ekman cogió su cámara hace cuarenta años, y viajó a la isla de Nueva Guinea para fotografiar los rostros de la tribu Fore del Sur. Quería demostrar que las expresiones en sus rostros reflejaban emociones universales.

muy violentas. La siguiente etapa se caracteriza porque yace en su casa, no puede tomar alimento y finalmente muere.»

Es la primera descripción por escrito de la enfermedad. El mismo informe relataba que los Fore se comían a sus muertos.

El kuru es una enfermedad neurodegenerativa incurable que tiene una vía de transmisión muy particular: el canibalismo. Para enfermar de kuru te tienes que haber comido el cerebro de una persona infectada. El kuru fue investigado por Daniel Carleton Gajdusek, un médico norteamericano que se trasladó a Nueva Guinea, a vivir con los Fore. No era algo fácil porque vivían en zonas remotas y a todos los efectos se hallaban todavía en la Edad de Piedra. Gajdusek tenía experiencia pues había trabajado en el Instituto Pasteur de Teherán estudiando distintas enfermedades como la fiebre amarilla, el dengue, el virus del Nilo Occidental, la meningoencefalitis, el escorbuto y la rabia. Después había recorrido el Hindu Kush, las junglas de Sudamérica y las montañas, pantanos y valles altos de Papúa Nueva Guinea y Malasia, buscando una enfermedad para hacerla suya. Y ésa fue el kuru.

El kuru afectaba a un 10% de los 35.000 miembros de los Fore. Morían entre 100 y 200 personas al año. En algunos poblados no quedaban mujeres jóvenes, muertas todas ellas por el kuru. Gajdusek pudo hacer la autopsia de personas que habían muerto de kuru y descubrió que su cerebro se encontraba gravemente alterado, cubierto y relleno de pequeños huecos, por lo que lo denominó espongiforme. Describió el kuru en 1957 en el New England Journal of Medicine, una prestigiosa revista clínica. Al principio se pensó que no era una enfermedad infecciosa puesto que cursaba sin inflamación ni fiebre, los dos síntomas clásicos de las infecciones. Algunos investigadores opinaron que se trataba un problema hereditario o que estaba causado por una deficiencia en la alimentación. A mediados de los años 1960, Michael Alpers, un médico australiano con el que colaboraba Gajdusek, le envió a Estados Unidos muestras del cerebro de Kigea, una niña de once años que había muerto de kuru. Gajdusek inyectó un extracto de este cerebro en el cerebro de dos chimpancés. Tuvo la paciencia de esperar y dos años más tarde uno de los chimpancés, Daisy, mostró todos los signos de la enfermedad. Quedaba así demostrado que el kuru era una enfermedad infecciosa y que incluso podía desarrollarse saltando de una especie a otra. Por todo ello, la nueva enfermedad se denominó encefalitis espongiforme transmisible. La fase clínica, en la que se observan síntomas en las personas infectadas, dura en torno a un año. Es siempre mortal.

Durante mucho tiempo Gajdusek no consiguió identificar el agente infeccioso. No se trataba de una bacteria porque ni respondía a los antibióticos conocidos, ni se podía cultivar, y además era tan pequeño, que ni siquiera se veía con el microscopio electrónico. Descartadas las bacterias, la opción más lógica era un virus, pero tampoco parecía encajar en ninguno de los dos grandes grupos de virus conocidos: los que poseen ADN y los que poseen ARN. El periodo de infección era anormalmente largo, hasta de años, por lo que durante un tiempo se achacó la enfermedad a un «virus lento».

Sin embargo, al contrario que los virus, el agente infeccioso aguantaba la exposición al calor y a la radiación ultravioleta y no inducía la generación de anticuerpos. La sorpresa definitiva vino cuando se vio que, por muy improbable que pareciera en aquel momento, el agente infeccioso no contenía ácidos nucleicos, ni ADN ni ARN. Otro científico, Stanley B. Prusiner, postuló y finalmente demostró que el agente infeccioso era una proteína. A partir de las palabras «PRoteína INfecciosa» acuñó el término prión. El prión era una proteína mutada capaz de resistir los ataques del organismo y de transformar a otras proteínas «sanas» convirtiéndolas en priones. Después se vio que existían otras enfermedades priónicas, como la enfermedad de Creutzfeldt-Jacob —la más importante de todas ellas—, el insomnio familiar fatal, una enfermedad de las ovejas llamada «scrapie» o tembladera, y la enfermedad debilitante crónica de ciervos y renos. En los años 1980 surgió una nueva enfermedad priónica en vacas. Se le llamó encefalitis espongiforme bovina o, por su nombre popular, «enfermedad de las vacas locas». La situación se agravó cuando empezaron a aparecer casos de personas con una variante de la enfermedad de Creutzfeldt-Jacob producida, al parecer, por ingestión de carne de vacas infectadas. Hasta enero de 2011 habían muerto 171 personas de esta variante del Creutzfeldt-Jacob en Gran Bretaña y otras 48 en el resto del mundo, de ellas 5 en España. A su vez, la infección de las vacas se debía a que se habían alimentado con piensos que contenían proteínas de origen animal, probablemente harinas de matadero que incluían cerebros de otras vacas y de ovejas, algunas de las cuales probablemente estuvieran infectadas de tembladera.

El kuru afecta principalmente al cerebelo, responsable de nuestra coordinación motora. Por eso, entre las manifestaciones iniciales figuran una forma de andar inestable, temblores y una manera extraña de hablar, arrastrando las palabras. A diferencia de otras encefalitis espongiformes, no se suele observar demencia.

El ya citado Michael Alpers y la antropóloga Shirley Lindenbaum estudiaron a los Fore, y los datos que recogieron sugieren que la epidemia se originó en torno al año 1900 a partir de un único individuo que vivía en los márgenes del territorio de la tribu y que pudo padecer de forma espontánea la enfermedad de Creutzfeldt-Jacob. La enfermedad se transmitió rápidamente porque durante los ritos funerarios los Fore tenían la costumbre de que los parientes de la persona fallecida comieran el cadáver para devolver a la aldea o caserío la «fuerza vital» del muerto. Al principio no pudieron explicar por qué la enfermedad era entre ocho y nueve veces más frecuente en mujeres y niños que en hombres adultos. Después, la antropóloga vio que los hombres elegían las mejores «tajadas» del muerto y dejaban para las mujeres y niños otras partes del cuerpo menos atractivas y sabrosas, como el cerebro, en el que las partículas priónicas están especialmente concentradas. Además, las mujeres y niños eran los encargados de limpiar y preparar el cadáver, por lo que se podían contagiar si tenían heridas en las manos. Por útimo, parece que a veces los Fore se extendían el cerebro del difunto por la piel.

Con el sometimiento paulatino de los Fore a las leyes coloniales australianas, y gracias a los esfuerzos de los misioneros cristianos, el canibalismo fue desapareciendo. Inmediatamente, el número de personas afectadas por kuru empezó a disminuir y, aunque siguieron apareciendo casos en la década de los 60, en prácticamente una generación la enfermedad quedó erradicada. La última persona afectada murió en el 2005.

Parece que hay personas que son, por una mutación genética surgida hace 200 años, más resistentes al prión. El período de incubación dura entre 5 y 40 años, con una media de 14. Esta mutación se extendió con rapidez y cuando terminó el canibalismo, la expresaban casi la mitad de las mujeres Fore. No se ha encontrado en otras poblaciones o grupos étnicos y puede considerarse un ejemplo de evolución en acción.

Una vez que el prión fue identificado, se pudo estudiar en detalle. Se comprobó que constaba de 250 aminoácidos, que era muy resistente a tratamientos químicos y físicos y —lo más llamativo— que se trataba de una versión «mal plegada» de una proteína existente normalmente en nuestro cerebro. Cuando una proteína está mal fabricada, contiene errores o está mal plegada, la propia célula la destruye en los lisosomas, pequeñas bolsas llenas de enzimas digestivas. Sin embargo, la proteína priónica mal plegada es muy resistente a la digestión. Por tanto, se va acumulando en el interior del lisosoma hasta que éste termina por romperse. Las enzimas liberadas por la rotura de la membrana del lisosoma destruyen las neuronas e incluso las células adyacentes y se forman así los característicos huecos de las enfermedades espongiformes.

Gajdusek era un hombre excéntrico pero respetado y apreciado por muchos colegas a quienes ayudó en sus tareas investigadoras poniéndoles en contacto con poblaciones aisladas, lo que permitió avanzar el conocimiento sobre el hermafroditismo, la enfermedad de Huntington y otras patologías. En 1976 obtuvo junto con un virólogo, Baruch Samuel Blumberg, el Premio Nobel de Medicina y Fisiología. Sin embargo, su éxito científico quedó embarrado al final de su vida por una acusación de abusos pedófilos. En sus estancias de investigación en Nueva Guinea y Micronesia, Gajdusek, que nunca se casó, recogió a más de 50 muchachos jóvenes, la mayoría chicos, los adoptó y los llevó a vivir con él en Maryland, Estados Unidos, donde trabajaba como director de los laboratorios de investigación virológica y neurológica de los Institutos Nacionales de la Salud (NIH). Muchos de estos chicos completaron estudios universitarios. Uno de ellos acusó años más tarde a Gajdusek de abusos sexuales cuando era niño. En abril de 1996 fue llevado a juicio y las acusaciones se basaron en las afirmaciones de la víctima, en las anotaciones en su diario personal y en una grabación del FBI en la que reconocía ante su denunciante la relación sexual mantenida con él, así como con otros muchachos. Algunos de sus otros hijos adoptivos le apoyaron y declararon a su favor en el juicio. En 1997 se declaró culpable y fue condenado a una pena de prisión de entre 12 y 18 meses. Gajdusek no mostró arrepentimiento, criticó las leyes norteamericanas y declaró que solo lo había hecho con muchachos de culturas en las que la relación sexual entre niños y adultos era habitual. Cuando salió de la cárcel, se le autorizó a pasar los cinco años de libertad condicional en Europa. Vivió en Ámsterdam, París y Tromsø. Pasaba los inviernos en Tromsø, que está por encima del Círculo Polar ártico, porque, según decía, al ser de

Esta fotografía fue tomada después del anuncio de que Gajdusek había ganado el Premio Nobel. Gajdusek (sin corbata y con las gafas en la mano) compartió en 1976 el Premio Nobel de Fisiología o Medicina con Baruch S. Blumberg «por sus descubrimientos sobre nuevos mecanismos para el origen y la difusión de enfermedades infecciosas». [*Archivo Donald S. Fredrickson*]

noche las 24 horas, podía trabajar más. Allí murió el 12 de diciembre de 2008, a los 85 años de edad.

🕮 PARA LEER MÁS:

- The National Creutzfeldt-Jakob Disease Surveillance Unit (NCJDSU) http://www.cjd.ed.ac.uk/index.htm
- Prusiner, S.B. (1982) Novel proteinaceous infectious particles cause scrapie. *Science* 216(4542): 136-144.
- Zeidler M. (2007) Prion diseases. En: Goldman L, Ausiello D, eds. *Cecil Medicine*. 23ª ed. Saunders Elsevier, Filadelfia. capítulo 442.

Despertar diecinueve años después

Terry Wallis nació el 7 de abril de 1964, en Big Flat, Arkansas. El día 13 de julio de 1984, cuando tenía 19 años, este mecánico se despidió de su mujer, que se quedó cuidando a su hija Amber, de seis semanas, y salió de casa. Cogió su camioneta junto con dos amigos para dar una vuelta por las montañas Ozark y un rato después tuvieron un accidente. Por razones desconocidas, el vehículo se salió de la pista forestal por donde iban, cayó por una ladera, dio una vuelta de campana y quedó volcado entre las piedras del lecho seco de un río. Terry salió despedido de la *pick-up*. Cuando la policía los encontró por la mañana, uno de sus amigos tenía graves heridas, de las que falleció siete días después, el otro apenas tenía algún rasguño y Wallis se encontraba en coma. Fue trasladado inmediatamente al hospital, donde consiguieron estabilizarlo, aunque tuvieron que colocarle ventilación asistida y sondas para alimentarle. Poco después entró en un tipo de estado vegetativo llamado estado de consciencia mínima.

Según el doctor Martín Nogués,

> «*A diferencia de las personas en coma que permanecen todo el tiempo con los ojos cerrados, quienes*

se encuentran en estado vegetativo crónico persistente tienen periodos de vigilia y de sueño (abren los ojos durante el día, para luego cerrarlos al dormir), aunque su mirada y los movimientos de sus ojos no tienen ningún contenido de consciencia; es decir, no presentan ninguna comunicación con el mundo exterior.»

El estado de consciencia mínima (ECM) afecta cada año a más de 100.000 personas en todo el mundo. Mientras que el estado de coma suele durar sólo unos días o pocas semanas después de un accidente, el ECM puede extenderse a lo largo de meses o años. En esta situación, los pacientes no suelen ser conscientes de su entorno ni se comunican con el mundo exterior. A veces puede salir de su boca algún sonido o alargar su mano como si fueran a coger un objeto o incluso seguir con los ojos a alguien que entra en la habitación. El coma, en contraste, apaga el cerebro. Después de un daño grave en la cabeza, el cerebro limita enormemente su actividad, no responde a ningún estímulo y la persona parece estar dormida. En el estado de coma se suelen generar cambios bioquímicos en el cerebro, acompañados frecuentemente de una inflamación del tejido nervioso. En unas pocas semanas, o la persona muere, o despierta, o queda en un estado vegetativo, como puede ser un ECM.

Esta historia sería como miles de otras, si no es por una diferencia: Diecinueve años después del accidente, Terry Wallis salió de ese estado de consciencia mínima y el 11 de junio de 2003 empezó a hablar. Como tantas otras veces, la enfermera le preguntó al lado de su madre ¿quién ha venido a verte? Pero esta vez, Wallis respondió con voz clara y dijo «¡Mamá!»... La siguiente palabra fue Pam, el nombre de su enfermera durante años y después siguió: «Pepsi...», «leche...». Parece que Terry tenía sed. Los siguientes tres días recuperó cierta capacidad de movimiento (había quedado tetrapléjico en el accidente) y de comunicación, y se reencontró con su hija Amber, entonces de 20 años. No debió ser un momento fácil ya que él creía que tenía aún la edad del momento del accidente, 19 años, que Amber era un bebé, y que Ronald Reagan seguía siendo presidente de los Estados Unidos.

Su caso captó también la atención de los investigadores. El grupo de trabajo de Nicholas Schiff en la Universidad de Cornell en Nueva York estudió su cerebro, encontrando que la plasticidad neuronal, los cambios en la organización de los componentes cerebrales, eran mucho mayores de lo esperable. Schiff usó un escáner PET para medir actividad cerebral y una nueva técnica llamada imagen de tensores de difusión, un sistema que permite obtener abundante información sobre los tractos de conexión mielínicos, es decir, la sustancia blanca. La primera sorpresa fue que el cerebro de Wallis había generado nuevos axones que habían establecido nuevas conexiones e incluso nuevas regiones cerebrales para compensar las vías y zonas neuronales dañadas en el accidente. De hecho, una región afectada era el cuerpo calloso, una cinta de cientos de miles de axones que conecta los dos hemisferios. Estos axones se habían desgarrado por la fuerza del impacto pero se habían formado nuevas rutas en la parte occipital del cerebro, la zona bajo la nuca, formándose conexiones y estructuras que no existen en el cerebro normal.

Tras despertar del estado de mínima consciencia, Wallis fue recuperando en parte las funciones cerebrales durante los siguientes meses. Según se iban realizando nuevos escáneres, se fue viendo que algunas de las vías anómalas, esas conexiones del cerebro de Terry que no aparecen en uno normal, iban desapareciendo mientras que otras se reforzaban al mismo tiempo que Wallis iba mejorando.

Los distintos estudios también pusieron de manifiesto que si no hubiera sido por su dramático despertar nadie se habría enterado de los profundos cambios que estaba experimentando su cerebro. Schiff planteó, como aplicación práctica de su estudio, que se podía mejorar mucho la atención a los pacientes en ECM o estado vegetativo y que era necesario reexaminar a un paciente a los ocho meses del diagnóstico inicial porque «todo el pronóstico puede haber cambiado». De hecho, Wallis fue etiquetado repetidas veces por sus médicos como en estado vegetativo permanente. Aunque su familia pedía una reevaluación ya que veía muchos signos de que intentaba comunicarse, sus peticiones fueron rechazadas de forma sistemática. Los Wallis nunca aceptaron ese diagnóstico. En particular, Angilee, su madre, se negó a aceptar que su hijo «*se había ido para siempre*». Ella decía que cuando le miraba a los ojos estaba convencida de que le oía y le entendía, que gruñía cuando en la tele ponían un anuncio de Chevrolet, su coche favorito y que estaba vivo y deseando desesperadamente poder comunicarse con ellos. De hecho, además de la compañía continua en la habitación, le llevaban con ellos en las excursiones y estaban siempre pendientes de hablarle y tratarle como si siguiera siendo quien había sido, a pesar de no tener ninguna respuesta. Solo una madre soporta eso durante diecinueve años.

El cerebro de Wallis tiene profundos daños. El daño a los lóbulos frontales es extenso. Puesto que esta región cortical matiza los instintos primarios como el deseo sexual o la agresividad, esta lesión puede explicar que él hable de forma soez a su hija Amber. Además, el lóbulo temporal derecho también tiene un grave daño. Esta región interviene en la consolidación a largo plazo de la memoria reciente, en el almacenaje de las vivencias y experiencias, algo en lo que también participa el lóbulo frontal. Al tener ambas regiones lesionadas, Wallis sigue viviendo en 1984, el momento del accidente. No es capaz de grabar en su cerebro nuevas memorias y «ponerse al día». Por eso cree que es capaz de andar, aunque ya no puede, no relaciona a esa muchacha de 20 años que le cuida con el bebé que recuerda perfectamente, su hija, y seguirá pensando, para siempre si su condición no mejora, que Ronald Reagan es el presidente de los Estados Unidos. Eso sí parece un auténtico castigo.

📖 PARA LEER MÁS:

- Phillips, H. (2006) 'Rewired brain' revives patient after 19 years. New Scientist. 3 de Julio de 2006.
- http://www.mymultiplesclerosis.co.uk/misc/terry-wallis.html

- http://www.heise.de/tr/artikel/Das-Geheimnis-der-Selbstheilungskraefte-unseres-Gehirns-278683.html
- http://www.theterrywallisfund.org/
- http://www.dailymotion.com/video/x7386l_terry-wallis-19-anos-en-coma_school

El pirata del río Elba

Harold Hillman es un científico británico y uno de los miembros fundadores de Amnistía Internacional. Su campo de trabajo es «curioso», por calificarlo de alguna manera: es experto en la neurobiología de los métodos de ejecución y en la resucitación. En 1997, los estudiantes de la Universidad de Harvard le concedieron la versión Ig del Premio Nobel de la Paz. Los «Ig Nobels» son una parodia de los auténticos premios Nobel y se otorgan a investigaciones «*que primero hagan reír y luego hagan pensar*». Estos premios los entregan auténticos premios Nobel, que suelen declarar que se lo han pasado mejor que en la anterior ceremonia en el Palacio Real de Estocolmo. Hillman consiguió su premio Nobel «alternativo» por un artículo titulado «*Posible dolor experimentado durante la ejecución por diferentes métodos*», publicado en la revista «Perception». Hillman concluyó que con los datos científicos disponibles, y con la única salvedad de la inyección intravenosa, es rigurosamente falsa la extendida creencia de que la mayoría de los métodos de ejecución utilizados son virtualmente indoloros y llevan a una muerte rápida y digna. Me alegra vivir en un país y un continente que abolieron la pena de muerte.

Retrato de Klaus Störtebeker, el pirata más popular del mar del Norte.

El estudio de Hillman me causó una profunda desazón. Según él, en una ejecución rápida, como la que se consigue con la decapitación en la guillotina o bajo el hacha del verdugo, la sangre oxigenada presente en el cerebro hace que éste no pierda la consciencia hasta pasados dos o tres segundos. Hillman no dice nada sobre lo que pasa con el cuerpo y es lo que me interesa ahora. ¿Por qué? Por lo que le sucedió a un personaje por el que siempre he sentido cariño: Klaus Störtebeker, el pirata más famoso del mar del Norte.

Störtebeker era el capitán de los piratas del Elba. Acostumbrados a los piratas del Caribe, a las tropelías, crueldad y rapiña de los corsarios ingleses, un pirata de agua dulce puede parecer de segunda clase, pero Störtebeker no habría hecho ningún mal papel al lado de ellos. Ni siquiera era ése su apellido real, sino un apodo. El nombre Störtebeker deriva de una corrupción del alemán *Stürz den Becher* («acabar con el jarro»), porque era capaz de beberse de un trago, sin respirar, una jarra de cuatro litros de cerveza. Creo que algunos de mis compañeros de promoción en la Facultad lo habrían conseguido también o, al menos, habrían sido felices intentándolo. Los miembros de su tripulación eran conocidos como los *Vitalienbrüder*, los «Hermanos de los Víveres». En la guerra por la supremacía en el Báltico, fueron contratados por el ducado de Mecklenburg para luchar contra los daneses y para hacer llegar víveres a Estocolmo, la capital sueca, que estaba sitiada. Tras el final de la guerra, Klaus y sus mercenarios decidieron continuar en el oficio de las armas y seguir capturando barcos, muchos de la liga hanseática, pero también atraparon buques holandeses, rusos o daneses. Llegaron a denominarse a sí mismos «Socios iguales» *Likedeelers*, con lo que daban a entender que se repartían el botín entre ellos equitativamente.

Se cuenta que Störtebeker era también una especie de Robin Hood. Acumuló una fortuna considerable y, según la leyenda, cuando desguazaron su barco, descubrieron con sorpresa que el núcleo de los mástiles era de oro, plata y cobre. Otra leyenda protagonizada por Klaus es que donó dinero al pequeño pueblo de Verden para que reconstruyera su iglesia. Desde entonces, en Verden un día al año se distribuyen gratuitamente pan y arenques, acto con el que pretenden recordar y homenajear a aquel pirata y su acto de generosidad. Es una tradición de la que hay vestigios desde hace 500 años, por lo que hay quien le atribuye cierta verosimilitud.

Pero como pasa siempre con los piratas, llegó un momento en que su suerte se terminó. Störtebeker era perseguido por una flota de Hamburgo comandada por Simón de Utrecht. Un traidor echó plomo fundido en los eslabones de la cadena que gobernaba el timón de la nave y Störtebeker no pudo maniobrar, por lo que él y sus 73 hombres fueron capturados. Tuvieron que comparecer, atados con cadenas, ante el alcalde de Hamburgo. Störtebeker le ofreció un trato. Si les quitaban los grilletes, si les dejaba en libertad a él y a sus hombres, entregaría como rescate una cadena de oro que rodease el perímetro de la ciudad. El Senado de Hamburgo se negó enojado. Desde entonces se busca el tesoro de Störtebeker, aquel oro que nunca llegó a emplear.

Los piratas fueron condenados a morir decapitados. Cuando iban ya camino de la ejecución, el capitán les ofreció a las autoridades un trato, un reto feroz e impactante: que dejasen en libertad a cada hombre que él tocara una vez decapitado. El alcalde accedió. Klaus hizo que el verdugo le decapitara de pie y después se lanzó a correr. Sus piratas, que permanecían en fila a su lado, vieron asombrados cómo aquel cuerpo sin cabeza iba dando paso tras paso, tocando uno tras otro un total de once. Según la leyenda, cuando el cuerpo de aquel gigantón se acercaba al grumete del barco, por el que tenía un cariño especial, el alcalde, rabioso, le puso la zancadilla y el cadáver andante cayó al suelo. Como no podía ser de otra manera en una buena historia de piratas, el alcalde traicionó su palabra y mandó ajusticiar a todos. La historia dio entonces un giro inesperado y sarcástico. Completada la ejecución, los senadores de Hamburgo preguntaron al verdugo si no estaba cansado después de haber decapitado a 74

De esta guisa quedaron las supuestas cabezas del propio Störtebeker y algunos de sus infortunados secuaces, según el hallazgo de 1878.

piratas. Este respondió que en absoluto, que podría descabezar a continuación, con facilidad, a todos los miembros del Senado de la ciudad. Como los políticos siempre han tenido poco humor para lo que les afecta, sentenciaron inmediatamente a muerte al verdugo y lo ejecutó el miembro más joven del Senado.

En 2011, un grupo de neurofisiólogos de la Universidad de Nimega publicó un estudio sobre la decapitación. Los holandeses colocaron electrodos en el cerebro de ratas sanas y las decapitaron con una guillotina para estudiar qué sucede en su cerebro durante los segundos y minutos siguientes. Nos puede parecer un experimento cruel pero de hecho fue encargado por el Comité Ético de la Universidad para valorar si la decapitación, usada en bastantes experimentos para realizar estudios *postmortem*, podía considerarse un procedimiento aceptable, humano, para la experimentación con animales. La actividad cerebral disminuyó con rapidez y a los 4 segundos se redujo a la mitad. Este nivel de actividad se considera semejante al de la inconsciencia profunda. Los resultados fueron similares con animales despiertos que con animales anestesiados, lo que indica que ambos grupos alcanzaron la inconsciencia con la misma rapidez. De este estudio se concluye que la decapitación causa un sufrimiento mínimo comparado con el de otros métodos. Aunque algunas crónicas de la Revolución Francesa afirman que las cabezas de los guillotinados seguían conscientes más de treinta segundos después de la decapitación, el experimento holandés sugiere que esas informaciones fueron exageradas, pues lo más probable es que los ajusticiados perdieran la consciencia en un tiempo muy corto. De hecho, si se detiene el flujo sanguíneo al cerebro, la pérdida de consciencia se produce en menos de diez segundos.

Klaus Störtebeker es un personaje muy conocido en el barrio más popular de Hamburgo, Saint Pauli, en cuyas calles lanzaron su carrera musical los Beatles. Esta zona de marineros, prostitutas y bares recuerda con cariño a aquel tipo bebedor, salvaje, violento y fuera de la ley que perdió la cabeza en el sentido más literal. Así que cuando vean al Saint Pauli jugando al fútbol, ya entenderán por qué en las banderas y bufandas de muchos hinchas aparecen una calavera y dos tibias cruzadas. Y por cierto, el himno del club tiene un título menos formal que los de por aquí. Se titula *Cien cervezas*. ¡Salud!

📖 PARA LEER MÁS:

- Meier, D. (2006) *Seefarers, merchants and pirates in the Middle Ages*. Boydell Press, Woodbridge.
- van Rijn CM, Krijnen H, Menting-Hermeling S, Coenen AM. (2011) Decapitation in rats: latency to unconsciousness and the 'wave of death'. PLoS One. 6(1):e16514.

De cerebros terroristas y terroristas descerebrados

Diversos estudios dentro del ámbito de la Neurociencia intentan entender la mente de un terrorista. Nosotros, los humanos, ante actos de violencia gratuita, asesinatos indiscriminados, muerte de inocentes, incluso niños, usamos una palabra que habla bien de nosotros, de nuestra especie. Decimos que esos actos crueles y malvados son «inhumanos». Renegamos de ellos, nos parece que esa barbarie es ajena a nuestra esencia, a nuestra naturaleza, a lo más profundo de nuestro ser. Y en el mundo occidental, sano y rico, viviendo en un Estado de derecho bajo el gobierno de la Ley y con elecciones democráticas, pocas personas como los terroristas alcanzan en mayor medida esa categoría de «inhumanidad» y el desprecio de todos nosotros.

Aunque surgen nuevas amenazas globales como Al Qaeda, España es el último país de la Unión Europea que tiene que soportar una banda terrorista. Italia tuvo a las Brigadas Rojas, Francia al terrorismo corso y Gran Bretaña al IRA. En Alemania, el grupo terrorista más famoso fue denominado por ellos mismos *Rote Armee Fraktion*, la fracción del Ejército Rojo, pero era conocido por los medios de comunicación y por toda la sociedad por los nombres de sus dos dirigentes

Ulrike Marie Meinhof (Oldemburgo, 1934 - † Stuttgart, 1976). Periodista, revolucionaria alemana, y una de las fundadoras de la Fracción del Ejército Rojo.

más conocidos, Andreas Baader y Ulrike Meinhof, como la banda Baader-Meinhof.

Ulrike Meinhof nació en 1934 en Oldenburg, un año después de la toma del poder por Hitler. Su padre murió cuando ella tenía cinco años y su madre cuando tenía catorce, en los dos casos por cáncer. Para mejorar la economía familiar, su madre había alojado a una inquilina, Renate Riemeck, que a la muerte de la madre terminó convirtiéndose en la tutora de las dos huérfanas, Ulrike y su hermana. En 1957, Ulrike Meinhof se trasladó a la Universidad de Münster donde conoció a Manuel Sacristán, un marxista español que posteriormente traduciría y editaría algunos de sus escritos. Fue involucrándose en grupos políticos de izquierda al mismo tiempo que escribía en varios periódicos estudiantiles y participaba en protestas contra el gobierno alemán, el rearme del ejército y las armas nucleares. Se convirtió en la portavoz del *Anti-Atomtod-Ausschuss* «Comité anti-muerte nuclear».

En 1959 se unió al Partido Comunista Alemán (KPD), una organización ilegal en la Alemania Federal. Dos años más tarde se casaba con Klaus Reiner Röhl, el cofundador y editor de Konkret, una revista izquierdista de la que fue editora jefe de 1962 a 1964. La revista era financiada de forma clandestina por la Alemania Oriental. Años más tarde, una de las hijas contaría que su madre era una comunista «apasionada», mientras que su padre era, según ella, un «tonto útil» que seguía las órdenes directas de Berlín Este.

En 1962, Ulrike se dio cuenta de que estaba embarazada, pero pronto notó que tenía problemas de visión y unos terribles dolores de cabeza. Le diagnosticaron un posible tumor cerebral. La muerte de sus dos padres de cáncer a edades tempranas hizo sospechar una propensión genética. Debido al embarazo, no pudo tomar prácticamente medicación. Dio a luz a dos hijas gemelas, Bettina y Regine, el 21 de septiembre de 1962 e inmediatamente se le hizo una operación quirúrgica para eliminar el tumor. Aunque era benigno parece que la operación no fue del todo bien y se le causaron importantes daños cerebrales.

Tras la operación, Meinhof se radicalizó. El intento de asesinato del activista estudiantil Rudi Dutschke le animó a escribir un artículo en Konkret donde proponía una actitud más beligerante. Este artículo contiene su cita más famosa

> *«Protesta es cuando digo que algo no me gusta Resistencia es cuando me aseguro de que lo que no me gusta no vuelva a ocurrir.»*

Ese mismo año de 1968 escribió sobre los ataques con bombas incendiarias en Fráncfort en contra de la guerra de Vietnam, lo que le hizo conocer a los autores de los atentados: Andreas Baader y Gudrun Ensslin.

Si hubiera que elegir un momento, el nacimiento de la banda Baader-Meinhof tuvo lugar al intentar ayudar a escapar a Baader, que estaba detenido por uno de esos incendios provocados. Baader iba escoltado a la biblioteca del Instituto Nacional Alemán para los Asuntos Sociales donde le habían dado permiso para buscar información con la que escribir un libro sobre la juventud alemana. Allí le esperaba Meinhof. Aunque ambos pudieron escapar, las cosas salieron peor de lo esperado: tres personas resultaron heridas incluido un peatón inocente y Ulrike tuvo que huir y pasar a la clandestinidad con una recompensa de 10.000 marcos alemanes para quien facilitase su captura. En 1970 ella y otros miembros del grupo recibieron entrenamiento en Jordania y Líbano con grupos palestinos. A la vuelta a Alemania, iniciaron una serie de atracos a bancos, en los que resultaron heridos o muertos varios policías. La RAF cometió sonados secuestros y fue responsable de la muerte de 34 personas, incluyendo hombres de negocios, militares, policías y empresarios.

Durante el tiempo que estuvo en libertad, Meinhof, periodista de profesión, escribió o grabó muchos de los manifiestos y comunicados de la RAF. En 1972, tras un ataque coordinado con bombas explotando simultáneamente en cinco lugares diferentes, Meinhof y otros miembros del grupo fueron detenidos. Pasó ocho meses en una celda de aislamiento. Aunque sus hijas le pudieron visitar en una ocasión, terminó cortando los lazos con su familia.

En 1974 fue condenada a ocho años de cárcel, aunque seguía siendo juzgada por otros delitos por los que la fiscalía pedía cadena perpetua. El 9 de junio de 1976 apareció ahorcada en su celda de una cuerda hecha con tiras de toalla y, como ordena la legislación, se le hizo la autopsia, que realizaron los profesores Rauschke y Mallach, del Hospital Municipal de Hamburgo. La muerte de Meinhof desencadenó fuertes protestas de la izquierda y de los estudiantes, uno de cuyos líderes era Joschka Fischer, que después fue dirigente del Partido Verde y ministro de Asuntos Exteriores de Alemania. Se nombró una Comisión Internacional para averiguar si realmente había sido un suicidio. Aunque la comisión no encontró nada irregular, a nivel popular se sospechó una posible implicación de los aparatos del Estado.

Tras la extracción del cerebro en la autopsia se le entregó al neuropatólogo Jürgen Peiffer de la Universidad de Tübingen para un estudio más detallado, confirmando que el cerebro estaba seriamente dañado como resultado de la operación para tratar el tumor benigno en 1962. El informe de la autopsia postulaba que existía una conexión directa entre el daño hecho al cerebro y el cambio de carácter que le llevó a la actividad terrorista. «*Visto desde el punto de vista neurológico, el alcance y la localización del daño cerebral constituye, sin duda, causa para preguntarse en el tribunal sobre cómo de responsable era ella de sus actos.»* Todo el mundo guardó silencio. El gobierno alemán y la Fiscalía, que pedía cadena perpetua para Meinhof en el momento de su suicidio, por hacerlo sobre alguien que quizá no fuera responsable de sus actos. La Izquierda radical porque prefería la imagen de una revolucionaria de clase media, con estudios y buena situación económica enfrentándose al Gobierno y no la de alguien con graves problemas cerebrales.

El ex marido de Meinhof, Klaus Rainer Röhl había argumentado, sin conocer los datos de la autopsia, que su mujer había tenido secuelas tras su operación de neurocirugía. Él señala en su libro *Fünf Finger sind keine Faust* (Kiepenheuer & Witsch, 1974), que tras la operación se había producido un cambio dramático en el comportamiento de su esposa, convirtiéndose en una persona más cerebral, más distante y frígida, indicando también que durante el divorcio había destrozado la casa común. Según él, ese cambio en su personalidad había sido un factor fundamental en que Ulrike Meinhof se convirtiera en una terrorista. Renate Riemeck, la que había sido su segunda madre, también habló de serios cambios de conducta tras la operación quirúrgica.

Una de las hijas gemelas de Meinhof, Bettina Röhl, buscó qué había pasado con el cerebro de su madre. Averiguó que se había fijado en formol, colocado en un recipiente de plástico y guardado en una caja de cartón donde se mantuvo olvidado durante más de veinte años. Ninguno de los parientes de Meinhoff, incluida su hija, había sido informado de que el cadáver se enterró sin cerebro. En noviembre de 2002, Bettina mandó una carta a la prensa alemana denunciando estos hechos y declaró «*Esto es claramente una violación criminal de la ley que prohíbe perturbar a los muertos y extraer partes de su cuerpo.*» A continuación, puso una denuncia en la Fiscalía de Stuttgart.

Se siguió la pista al cerebro y se supo que tras más de veinte años sin que se hiciera ningún estudio, en 1997 Peiffer escuchó una conferencia del psiquiatra Bernhard Bogerts, director del Hospital Universitario de Magdeburgo. Bogerts estaba interesado en el análisis cerebral de los asesinos en serie para buscar el sustrato neurológico de los comportamientos violentos y presentó el caso de un maestro, Ernst Wagner, que en 1913 había matado a su mujer y cuatro hijos y luego había viajado a una aldea donde había disparado a veinte personas, de las que al menos nueve murieron. Bogerts habló en su presentación sobre los cambios en los centros emocionales del cerebro de Wagner y la relación entre estos cambios y los actos criminales cometidos. Peiffer le habló del cerebro de Ulrike Meinhof y acordaron combinar sus investigaciones publicando un artículo conjunto sobre los cerebros de Wagner y Meinhof. Bogerts se llevó el cerebro a Magdeburgo. El cerebro fue examinado utilizando métodos más modernos y Bogerts llegó al mismo resultado que Peiffer. Según él, el cerebro tenía «*modificaciones patológicas*» y «*el deslizamiento hacia el terror podría ser explicado por el daño cerebral*».

Cuando las noticias del cerebro de Meinhof salieron a la luz y se supo de la presencia del cerebro en Magdeburgo, se organizó un escándalo. Peiffer se lo había entregado a Bogerts de forma personal y en la universidad no sabían

Afiche de requisitoria editado por el Gobierno Alemán en 1986 contra la tercera generación de la RAF. La Fracción del Ejército Rojo (*Rote Armee Fraktion* en alemán) también conocida como la banda Baader-Meinhof (por el apellido de sus dos componentes más importantes), fue una de las organizaciones terroristas de izquierda radical más activas de la República Federal de Alemania entre la década de los 70 y el año 1998.

de su existencia. El rector de la Universidad de Magdeburgo, Klaus Pollmann, declaró a la prensa que «*no quedaba ninguna duda*» que el cerebro que estaba en un frasco con formol era el de Meinhof y que no estaba claro por qué y con qué base legal se había conservado para ser examinado. Bettina declaró a la prensa «*Incluso un terrorista muerto tiene derecho a un trato justo y ella* [su madre] *tiene derecho, como todo el mundo, a un entierro digno.*» Finalmente, la Fiscalía ordenó la devolución del cerebro a las dos gemelas, Regine y Bettina, como sus herederas legales. La familia decidió incinerarlo y estas cenizas se juntaron con el resto del cadáver en el cementerio de Berlín-Mariendorf.

La relación entre los terroristas del RAF y los estudios neurocientíficos no acabó ahí. El 13 de octubre de 1977, cuatro miembros del Frente Popular para la liberación de Palestina secuestraron el vuelo 181 de Lufthansa que acababa de salir de Palma de Mallorca. El líder de los terroristas reclamó la liberación de los once miembros de la RAF detenidos en la prisión de Stuttgart-Stammheim. El avión fue desviado a Mogadisho, Somalia, donde tras unas horas de enorme tensión, tripulación y pasajeros fueron liberados por un comando del GSG9, las fuerzas especiales alemanas.

Según la versión oficial, Raspe, uno de los terroristas del RAF detenidos se enteró del éxito de la operación antiterrorista a través de una radio que había conseguido introducir en la prisión, pasó las siguientes horas hablando con Baader, Ensslin y Möller y acordaron entre ellos un pacto de suicidio. La mañana del 18 de octubre Andreas Baader y Jan-Carl Raspe aparecieron muertos en sus celdas, con heridas de bala. Gudrun Ensslin se ahorcó con el cable de unos altavoces. Irmgard Möller apareció con cuatro heridas de arma blanca en el pecho, pero sobrevivió. Algo alucinante en una prisión de máxima seguridad.

Siguiendo al parecer con la idea de conocer la base neurobiológica del terrorismo, el gobierno alemán dio instrucciones para que los cerebros de los miembros del RAF fueran extraídos para su análisis y enviados a la Universidad de Tübingen. No se conoce ningún resultado de estos estudios. Según un reportaje de la BBC, los cerebros se han perdido. Richard Meyermann, director del Instituto de Investigación Neurológica de Tübingen declaró a los periodistas que no conocía el destino de los cerebros pero que consideraba que lo más probable es que se hubieran eliminado para hacer sitio en algún proceso de limpieza y hubiesen sido incinerados pero que tampoco podía excluir que hubieran sido robados. Una triste historia donde todo acaba mal y lo único salvable parece el amor de una hija por una madre que apenas conoció.

🕮 PARA LEER MÁS:

- Boyes, R. (2002) Daughter defies State over Ulrike Meinhof's brain. The Times 9 de noviembre de 2002. http://www.timesonline.co.uk/tol/news/world/article825312.ece
- Broomby, R. (2002) Red army faction brains 'disappeared'. BBC News 16 de noviembre de 2002. http://news.bbc.co.uk/2/hi/europe/2484745.stm

- Concostrina, N. (2008) *Polvo eres. Peripecias y extravagancias de algunos cadáveres inquietos*. La Esfera de los libros, Madrid.
- Noe, D. The Baader Meinhof Gang http://www.trutv.com/library/crime/terrorists_spies/terrorists/meinhof/1.html [Acceso el 21 de febrero de 2011]

Bendito dolor

Thomas Jefferson dijo que «*El arte de vivir es el arte de evitar el dolor y él es el mejor piloto, que nos guía lejos de las rocas y los bancos de arena que nos acosan*». Todos hemos sentido dolor alguna vez en nuestra vida. Es una experiencia casi universal. Pero hay algunas personas, cien o doscientos en el mundo, no más, que por un problema genético no conocen esta sensación desagradable y punzante, un problema que pasa desapercibido hasta que la familia se da cuenta de que algo no anda bien. Un padre relataba así la experiencia con su hija:

> «*Cuando tenía unos pocos meses de edad y empezó a gatear, notamos que no lloraba aunque se daba unos buenos golpes. Al principio no le dimos mucha importancia pensando que sólo era que tenía un umbral alto para el dolor. Cuando se fue haciendo mayor, nos dimos cuenta que era un poco difícil de disciplinar o que no respondía a algo tan básico como una palmetada en la mano. No fue hasta que tenía algo más de un año que sus dientes empezaron a aflojarse y finalmente se caían. Tras ver a una serie de dentistas finalmente llegamos a la conclusión de que se los*

estaba arrancando. Algo más tarde tuvo una quemadura de importancia en un pie y tratando la quemadura nos dimos cuenta de que no sentía virtualmente dolor, que se quedaba de pie sobre la pierna herida mientras se la vendaban.»

Estas personas tienen lo que se llama «Insensibilidad congénita al dolor». Tienen una mente que funciona generalmente bien (hay bastantes casos de discapacidad intelectual), las otras sensibilidades, fuera del dolor, son normales y pueden tener un buen tacto, aunque a veces las sensaciones de calor y frío pueden estar también alteradas, con una sensibilidad exagerada. Podemos pensar que son afortunados, pero no es así. Las pocas personas que por un problema genético no sufren dolor tienen un pronóstico muy grave. Muchos sufren problemas en la boca, donde se arrancan los dientes o se producen automutilaciones en los labios o en la lengua. Más tarde, suelen sufrir graves daños en los huesos, con fracturas de todo tipo y en las articulaciones, por caídas y saltos extravagantes. Este es el relato de una madre:

«La gente siempre dice: 'Oh, si pudiera librarme del dolor' y yo pienso 'No sabes la suerte que tienes de poder sentirlo'. Cuando le empezaron a salir los dientes a Gabby, comenzó a morderse la mano. Se había atravesado la piel y si le hubiese dejado, habría llegado hasta el hueso. Se veía un grave destrozo, horrible, como si tuviera una hamburguesa cruda en la mano. Tuvimos que extraer los dientes a la niña para salvar

sus manos y su lengua, porque se la mordía como si fuera un chicle.»

Después de que literalmente se sacara un ojo, se le puso a la niña una protección, unas gafas de piscina, para intentar salvar la vista en el ojo que le queda. Como explica su madre «*Ahora lo principal es mantener su ojo bueno sano. Estar seguros de que no tiene una infección o se hace algo para herir el ojo que le ha quedado.*»

Gabby también se causó quemaduras de segundo grado al agarrar una bombilla caliente como si fuera una pelota ya que no era capaz de notar dolor por su alta temperatura. Estos niños tienen frecuentemente problemas en los huesos y articulaciones porque se provocan lesiones sin darse cuenta y tienen que estar continuamente controlados para evitar que se inflijan daños a sí mismos.

Miriam, una niña noruega con este trastorno genético, tiene graves lesiones en la espalda, cadera, rodillas y tobillos de fuertes caídas que han sido, no obstante, indoloras. Jamilah, otra niña, alemana en este caso, recibió una fuerte paliza de sus compañeros de clase que querían ver si era verdad «*que no sentía nunca dolor*». Estos niños tienen infecciones que pasan desapercibidas o elementos extraños en el ojo que no notan y que terminan por dañar seriamente la córnea. Pocos consiguen llegar a adultos, por la cantidad de heridas que se hacen sin darse cuenta, incluidas las fracturas de huesos o daños importantes en órganos internos, que terminan causándoles graves secuelas, hasta la muerte.

El dolor sería un mecanismo evolutivo, algo que nos alejaría inmediatamente de la fuente de daño para evitar mayores problemas a nuestro frágil organismo y poder sanar la zona afectada. El dolor sería, por tanto, información. Nos hace pensar, nos hace reaccionar, nos hace aprender. Quevedo, en su ironía, dice «*Afecto privilegiado el del dolor*» pero ahora sabemos que tenía razón. El dolor nos avisaría, nos protegería y nos enseñaría cómo sobrevivir en un mundo lleno de posibles elementos lesivos.

Hay otro tema importante, que tiene menos sentido evolutivo y es el dolor crónico: el dolor de espalda, la artritis o distintas neuralgias afectan a un grupo significativo de personas estimado entre el 10 y el 20% de la población adulta en los países occidentales. Los medicamentos que tenemos son poco eficaces, particularmente contra el dolor de espalda crónico para el que muchas veces no hay una explicación. Wilbert Fordyce del Centro Multidisciplinario sobre Dolor de la Universidad de Washington en Seattle encontró que hay algo de cierto en eso «*de no tengo tiempo para ponerme malo*», y que también se puede aplicar a «*no tengo tiempo para sentir dolor crónico.*» Fordyce descubrió que los principales predictores de qué pacientes iban a desarrollar dolor de espalda eran los que estaban insatisfechos con su trabajo o con su vida. Por tanto, la principal estrategia para intentar evitar sufrir dolor crónico con los años sería tener una vida activa y sentirte realizado en tu actividad profesional y razonablemente feliz en tu vida personal.

El dolor lo sentimos a partir de unos receptores especializados, que están presentes en nuestra piel y en los órganos internos que se denominan nociceptores. Esos nociceptores son terminaciones nerviosas libres unidas a fibras mielínicas tipo A de pequeño diámetro y a fibras amielínicas de tipo

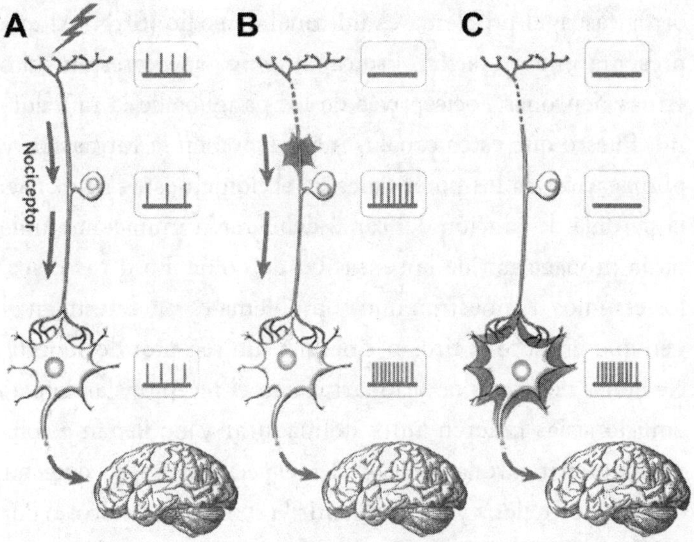

Los nociceptores (receptores sensoriales especializados que responden al dolor) pueden causar dolor crónico si están dañados. (A) En el estado normal, si un nociceptor es activado por un estímulo nocivo, la célula nerviosa transmite la información a través del sistema sensorial para crear una sensación de dolor en el cerebro. (B) Si el nociceptor está dañado, puede empezar a disparar al azar y activar otros nervios que eventualmente causa el dolor «fantasma». (C) Si el nociceptor era un nervio inhibitorio, su inactivación a través de los daños podría activar otros nervios de la red sensorial que con el tiempo causa dolor «fantasma».

C. Estas fibras que transmiten la sensación dolorosa están afectadas en las personas con insensibilidad congénita al dolor. Se va conociendo la explicación a este trastorno: en algunos casos se debe a un exceso de endorfinas sintetizadas por el cerebro. Las endorfinas son opiáceos endógenos, sustancias parecidas a la morfina producidas por nuestro propio organismo. Estas personas estarían continuamente bajo una sensación de analgesia y bienestar, como si estuvieran continuamente bajo los efectos de un derivado del opio. En otros casos, el problema es un canal de sodio (SCN9A) que presenta una mutación. Ese canal iónico se expresa mucho en las neuronas nociceptivas de los ganglios de la raíz dorsal. Puesto que estos canales intervienen en la formación y propagación de los potenciales de acción en estas neuronas, la pérdida de función del canal debida a la mutación elimina la propagación de la sensación de dolor. En otros casos, los estudios demuestran que el problema es un defecto en el gen que produce la tirosín-cinasa A, un receptor de superficie de las neuronas embrionarias. Sin el receptor, las células embrionarias mueren antes de madurar y no llegan a convertirse en neuronas sensoriales especializadas en detectar daño en los tejidos y en transmitir la sensación dolorosa. Por así decirlo, a estas personas les faltan piezas en el circuito que procesa el dolor. Resumiendo, se han encontrado hasta el momento tres posibilidades distintas para explicar la insensibilidad congénita al dolor: puede deberse a un exceso de producción de un analgésico natural, a que el sistema no es eficaz, no transmite bien la información dolorosa, o a que el sistema de transmisión de dolor está incompleto, le faltan algunos componentes.

El diagnóstico de la insensibilidad crónica al dolor se basa en los datos clínicos, en un test farmacológico (insertar una solución 1: 10.000 de histamina bajo la piel) y en el examen neuropatológico (ausencia de fibras amielínicas o fibras C, reducción en el número de las fibras mielínicas pequeñas fibras Aδ y distribución normal de las fibras mielínicas grandes (Aα y Aβ).

Las personas con este síndrome tienen también lo que se llama anhidrosis, no sudan. Las glándulas sudoríparas existen y están aparentemente intactas pero no están inervadas, no están reguladas por terminaciones nerviosas. Por lo tanto, no responden a señales del organismo y son parte del mal control de la temperatura corporal de las personas afectadas, que sufren repetidos episodios de fiebre, especialmente en días calurosos. Un 20% de estos niños mueren antes de cumplir los tres años por hiperpirexia, temperatura corporal anormalmente alta.

La pequeña Gabby y su padre durante un día de pesca. Imagen del documental *Una vida sin dolor* (*A life without pain*) de Melody Gilbert.

A la hora de operar, se ha visto que las personas con insensibilidad crónica al dolor no necesitan anestesia. Sin embargo, algunas han desarrollado una hipersensibilidad táctil que puede hacer que las manipulaciones características de la operación sean muy desagradables. No hay tratamiento para la insensibilidad crónica al dolor y lo único que pueden hacer las familias es estar vigilantes cada minuto del día para evitar que el niño o niña se cause daños sin darse cuenta. Desgraciadamente, muy pocos superan las dos décadas de vida.

La historia de Gabby y de las otras dos niñas, Miriam y Jamilah, fue el argumento de una película-documental titulada *Una vida sin dolor* dirigida por Melody Gilbert en 2005. Uno siente empatía por esas tres chiquillas y por el cariño y valentía de sus padres, que luchan porque sus hijos superen la infancia hasta que sean conscientes de su situación y sus riesgos, que sueñan con poder alcanzar una cierta normalidad en sus vidas. Y también comprendemos mejor la suerte de sentir dolor.

📖 PARA LEER MÁS:

- http://www.alifewithoutpain.com/
- http://www.macalester.edu/psychology/whathap/UBNRP/pain/CaseStudies.htm

Yo no soy tonto, y los bebés tampoco

Los bebés parecen fetos nacidos antes de tiempo. Frente a esas gacelas recién paridas que se levantan y echan a correr o esas tortugas diminutas que nada más salir del huevo se lanzan gateando hacia el mar; los bebés nos parecen inermes, desamparados, con perdón, un poco tontos. Y sin embargo, en los últimos tiempos hemos aprendido más sobre las crías de los seres humanos de lo que cualquiera pensaba posible. Porque por primera vez hemos vuelto los ojos no hacia sus manos y su dificultad para agarrar cosas, ni a su mínima capacidad de movimiento, ni siquiera se saben girar en la cuna, y tampoco a la ausencia de habilidades para huir o para luchar, los dos principios básicos de la supervivencia. Por primera vez hemos mirado a aquello de lo que los humanos podemos presumir, a la mente. Y son terriblemente inteligentes.

Los bebés saben más del mundo, de los otros seres, de los objetos que les rodean de lo que nunca habíamos sospechado. Los bebés entienden las reglas básicas del mundo real. Comprenden que los objetos no pueden existir y dejar de existir de repente, y que tampoco pueden «teletransportarse» de un lugar a otro. Con ese conocimiento desarrollan expectativas, muy sofisticadas, de qué novedades pueden producirse en el mundo que les rodea. Si algo no encaja, si algo les sorprende, los científicos pueden cuantificarlo midiendo cuánto tiempo se quedan mirándolo. Por poner el ejemplo de un experimento: a niños de 12 meses se les muestra, en un ordenador, cuatro objetos, tres azules y uno rojo, que rebotan en una caja. Hay una apertura en la caja por donde puede salir uno de los objetos. Si la escena se oscurece muy brevemente (0,04 segundos) los niños se sorprenden si el objeto que ha salido es el que está más lejos de la salida. Si se oscurece más tiempo (2 segundos) la distancia a la salida es menos importante y lo que les sorprende es si el que ha salido es el objeto raro, el rojo. Se piensa que los niños calculan con precisión, imaginan distintos escenarios y deciden qué desarrollo de la historia es el más probable basados en unos pocos principios físicos.

El mundo sensorial de los bebés también está muy desarrollado. El olfato es activo desde el momento de nacer. Las sensaciones quimiosensoriales, olfato y gusto, van acompañados desde los primeros instantes de vida postnatal, de reacciones afectivas contrastadas. Hay olores y sabores que causan atracción y bienestar en los recién nacidos, mientras otros les causan rechazo y repulsión. Es curioso que esas preferencias concuerdan bastante con las de los adultos, aunque es dudoso que sean innatas. Jacob Steiner de la Universidad de Jerusalén expuso a recién nacidos a una paleta de distintos olores (plátano, mantequilla rancia, vainilla, marisco y huevo podrido) y los bebés escogen los mismos que usted escogería. Es posible que sea un mecanismo de defensa. Muchos de los olores que nos resultan más desagradables son los que aparecen en alimentos estropeados por lo que su ingestión tendría un alto riesgo para la salud.

No sólo es el olfato el único sentido que ya funciona de una forma significativa en un recién nacido. Un equipo del Instituto de Psicología de Budapest midió la percepción del ritmo en un recién nacido usando un encefalograma. Los investigadores tocaban un ritmo de rock a 14 bebés de dos o tres días de edad, mientras dormían. La secuencia musical tenía en ocasiones una nota menos, un sonido que faltaba. Cuando eso sucedía, el bebé tenía una respuesta cerebral que señalaba que sus expectativas sobre ese ritmo habían fallado, que notaba que faltaba algo. Por tanto, el cerebro de un bebé recién nacido ya sabe seguir y entender un ritmo. No sólo eso, el niño recuerda y prefiere la música que oyó cuando estaba en el útero. Se ha hecho un experimento donde la madre pone una canción que le gusta durante los últimos tres meses de embarazo. Un año después los niños prefieren esa canción a otra parecida desconocida. Y, en general, les gustan los ritmos vivos, rápidos, antes Mozart que cantos gregorianos.

Quizá lo más llamativo es que desde el principio, las crías de los humanos tienen un poder mágico, el poder de aprender. Los bebés pueden asociar una nueva información a una experiencia sensorial. Schaal y Delaunay-El Allam vieron que si extendían una pomada con olor a manzanilla sobre el seno materno, el recién nacido, que nunca había tenido acceso a esa sustancia, empezaba a preferir ese olor a cualquier otro. El bebé memoriza los olores naturales de su madre, los del pecho, el cuello y las axilas. Parece que los recién nacidos tienen una «teoría mental» sobre el mundo y su capacidad de aprender confronta esa imagen teórica con los datos que van captando de la realidad. Son como pequeños científicos que estuvieran constantemente generando hipótesis y descartándolas cuando las evidencias no encajan. También se ha visto que los bebés antes de saber hablar y entender los roles sociales ya relacionan conceptos como poder y dominio con tamaño. Lotte Thomsen y su equipo de la Universidad de Harvard han usado una pequeña animación de ordenador donde se ven dos bloques de distinto tamaño enfrentados entre sí. Los investigadores registraban hacia dónde miraba el bebé para saber quién esperaba que ganase la batalla y él, tan pequeño e inocente, ya esperaba que ganase el más grande.

La primera gran sorpresa en los estudios sobre las capacidades de aprendizaje de los niños fue qué pronto se desarrollan. Las investigaciones sobre el sistema olfatorio demuestran que el aprendizaje, la memoria, las preferencias de cada uno de nosotros comienzan incluso antes del nacimiento. Se ha visto que aromas complejos como los del comino, el curry, el anís, el ajo, el chocolate o la zanahoria pasan fácilmente al compartimento fetal. Parece que el cerebro del feto puede retener esta información sensorial y aplicarla después del nacimiento, prefiriendo los olores de aquellas cosas que su madre tomó al final del embarazo. Es también curioso que todos los bebés, incluso los alimentados con leche artificial, prefieren el olor de la leche materna, aunque no la hayan probado nunca. Incluso en los niños prematuros se ha visto esta preferencia innata. La experiencia olfativa en el útero interviene en el desarrollo armónico del recién nacido: por un lado, el bebé está conociendo, antes de nacer, características del mundo que le aguarda. Por otro, la madre produce pasivamente puentes sensoriales entre su hijo y ella que facilitarán los vínculos posteriores. Esos odorantes, que también pasan al calostro y a la leche, configuran una vía de comunicación entre la madre y el niño por encima de la separación que representa el nacimiento.

Es curiosa también la influencia que van a tener algunos aspectos de esas experiencias sensoriales en la vida posterior como en el caso de la aceptación de alimentos nuevos. Los bebés alimentados durante los cinco primeros meses de vida con leche artificial que contenía compuestos amargos y ácidos prefieren a los cuatro o cinco años, en relación a los bebés amamantados, las bebidas ácidas o los alimentos amargos, como el brécol. Puesto que en la lactancia materna, por la diversidad de su propia alimentación, la madre expone al niño a una variabilidad mayor de sustancias y concentraciones puede generar una mayor flexibilidad en sus preferencias futuras. De hecho, los recién nacidos alimentados con lactancia natural son más propensos a admitir alimentos nuevos.

Eso nos debe hacer pensar sobre la relación con hábitos nocivos como el tabaquismo. La experiencia sensorial del tabaco en el bebé se inicia cuando la madre fuma. La nicotina y los componentes aromáticos de los cigarrillos atraviesan con facilidad la placenta y el bebé se los encontrará primero en el líquido amniótico y luego en la leche. Después, la exposición regular al humo del ambiente refuerza una asociación positiva en el niño. La imitación de los semejantes y la identificación con el modelo adulto pueden finalmente predisponerle hacia un consumo estable, inclinándole hacia una adicción a la nicotina.

Andy Metzoff de la Universidad de Washington en Seattle asombró cuando mostró que los bebés recién nacidos podían imitar las expresiones faciales. El bebé más joven fue estudiado 42 minutos después de nacer. Metzoff pudo demostrar que un recién nacido imitaba las caras que él ponía, sacando la lengua, por ejemplo. Esto es más llamativo de lo que parece: significa que el bebé podía cartografiar lo que veía en el otro rostro en su propia cara, aunque sea tan joven que no se reconoce a sí mismo en un espejo. Los bebés recién nacidos también pueden distinguir rostros humanos y voces humanas de otras imágenes y otros sonidos, y prefieren aquéllos. A los pocos días, reconocen los rostros familiares, sus voces y sus olores y los prefieren a aquéllos de desconocidos. Los niños de 6 a 10 meses de edad son capaces de juzgar el comportamiento de otros, prefieren un individuo que ayuda a otro en vez de uno que estorba, prefieren a un individuo que ayuda a otro que se queda indiferente y prefieren al indiferente frente al que estorba. En sus primeros nueve meses de vida, puede distinguir felicidad y tristeza y enfado, y qué tono de voz va con cada expresión. Tenemos que pensar que el mundo del bebé es el mundo de sus cuidadores y lo más importante para él es reaccionar a las personas que tiene alrededor y a los estímulos que le envían. Eso es para él lo más importante, para su supervivencia y su felicidad.

A partir de su primer año, el mundo se amplía enormemente. Se da cuenta de que las acciones, las emociones y las percepciones de la personas que le rodean pueden estar dirigidas a un mundo externo, a una esfera más amplia de lo que ha sido su vida en los primeros meses. Mirará donde señala otra persona y sabrá cómo debería sentirse sobre algo viendo cómo reaccionan las personas en las que confía. Por ejemplo, es muy típico que si se cae, mire inmediatamente a su madre. Si la mamá tiene cara de miedo o de dolor se echará a llorar;

sin embargo, si la madre está sonriendo y le está animando a levantarse, su respuesta será también mucho más tranquila. Sabrá qué hacer con los objetos viendo como las otras personas interaccionan con ellos. También buscará la aprobación de su círculo cercano antes de intentar alcanzar alguna cosa.

Sobre los 18 meses, hay otro salto de enorme importancia, se da cuenta de que los deseos y los actos de las otras personas pueden ser diferentes a los suyos propios. Un experimento fue mostrar a los niños pequeños dos cuencos de comida, uno lleno de los cereales que les encantan y otro con brécol crudo, que lo odian. La experimentadora los probaba y ponía una cara que dejara claro cuál le gustaba y cuál no. Entonces ponía los cuencos cerca de los niños y extendía la mano para que los niños le dieran algo. Si su cara había mostrado que lo que le gustaban eran los cereales, entonces los niños le daban eso. Pero si la cara de placer era con el brécol, entonces los niños, de 14 meses, le seguían dando cereales. Los de 18 meses, en cambio, entendían que la gente puede tener diferentes gustos y le daban el brécol, aunque a ellos no les gustase nada. A los 18 meses, los bebés han empezado a darse cuenta de que distintas personas pueden querer distintas cosas pero todavía no entienden que esa otra gente tenga otras ideas, otros deseos, otras creencias. Estas cosas están «escondidas» en la mente de las personas. La emergencia de la llamada «Teoría de la mente», que permite entender las creencias de otras personas, necesita más tiempo. Un experimento clásico es mostrar a los niños una caja de caramelos de una marca que sea conocida para ellos. Ellos asumen que la caja está llena de caramelos pero es un truco porque cuando la abren está llena de lapiceros. Si les preguntan a los niños cuestiones sencillas ¿Qué creías que había dentro de la caja? ¿Qué creería tu amigo que hay dentro de la caja? Los de cuatro años contestan correctamente pero los que tienen solo tres piensan que todo el mundo sabrá que hay pinturas dentro de la caja. Incluso dirán que ellos pensaban que había pinturas dentro de la caja antes de abrirla. Los niños de esa edad no pueden mentir. Para engañar a alguien o para darte cuenta de que te está engañando tienes que entender la diferencia entre lo que tú piensas y lo que otra persona piensa y cómo generar falsas ideas en la mente de esa otra persona. Los niños de dos o tres años no son realmente capaces de engañar. Pueden entender que una mentira es una forma de sacarles de un lío pero realmente no entienden cómo funciona. Un niño de tres años de pie al otro lado de la calle, una calle que le han prohibido expresamente que cruzara puede decir «*No he cruzado*». No son buenos mintiendo porque no comprenden lo que hace falta para que otra persona crea lo que están diciendo. Parece que solo aprendemos a mentir de verdad en torno a los cuatro años. Lo escribo aquí y me hace sentir un poco triste.

🕮 PARA LEER MÁS:

- Hamlin, J.K., K. Wynn, P. Bloom (2007) Social evaluation by preverbal infants. Nature 450: 557-559.
- Jones, N. (2001) Babies' musical memories formed in womb. New Scientist 11 de Julio de 2001. http://www.newscientist.com/article/dn994-babies-musical-memories-formed-in-womb.html

- Schaal, B. y Delaunay-El Allam,M. (2009) Formación de las preferencias olfatorias. Mente y Cerebro. Marzo-abril, 2009 30-35.

Bronce del investigador Oskar Vogt. Creado en 2002 por Hans Scheib. Campus biomédico Berlín-Buch, en el antiguo Instituto para la Investigación Cerebral.

El genio bolchevique

Oskar Vogt nació el 6 de abril de 1870, el año de la derrota de las tropas francesas por el ejército prusiano, en Husum, un pequeño pueblo de Schleswig-Holstein, una zona que ha cambiado de fronteras entre Dinamarca y los estados alemanes repetidas veces. Tuvo una infancia difícil, su padre murió cuando él tenía 9 años, algo que hizo feliz a su madre, pues era una ferviente cristiana que pensaba que su marido recibía ahora el premio en el Cielo por una vida austera y virtuosa. La familia, sin embargo, quedó en una situación económica muy mala. Oskar, el mayor de cinco hermanos, decidió hacer algo a esa edad tan temprana y se convirtió en un estudiante excepcional para ayudar a sus hermanos menores con los premios y becas que recibía. Tras estudiar en las universidades de Kiel y Jena, fue a trabajar en Zurich, con August Forel, convirtiéndose en un experto hipnotizador. Vogt consideraba la hipnosis como «*un microscopio para la exploración del alma humana*» y trató a numerosos pacientes en varias capitales europeas, incluida San Petersburgo. Durante un banquete en la corte del zar Nicolás II, notó que la mejilla izquierda del general que estaba sentado a su lado se ponía colorada cada vez que el nombre del zar se mencionaba. Vogt fue llamado a consulta y pudo averiguar, tras una sesión de hipnosis, que el militar había sido abofeteado por el zar en ese lado de la cara. En las siguientes sesiones, usando hipermnesia, el desafortunado incidente fue analizado y racionalizado, consiguiendo que desapareciese aquella respuesta embarazosa en el rostro del pobre general.

Tras la estancia en Zurich pasó a Leipzig, estudiando con Paul Flechsig con el que tuvo una tormentosa relación. El primer motivo de las desavenencias fue que le contó a Flechsig unos resultados sobre el cuerpo calloso y se encontró con que a las cuatro semanas, él los presentaba como propios.

Por su difícil infancia, Vogt decidió que el dinero era una fuente clave de poder e independencia. Para ello, decidió convertirse en un médico de prestigio en alguno de los balnearios de moda en Europa, donde descansaban y se curaban las élites económicas de sus enfermedades reales o imaginarias. Consiguió un puesto mal pagado en Alexanderbad, uno de los mejores establecimientos de baños de Europa. Allí fue conquistando, uno por uno, la confianza y el aprecio de los clientes y, de forma especial, de una de las familias más poderosas de Alemania, los Krupp. Esa amistad le salvaría la vida en los años de la dominación nazi.

Los clientes de Vogt, seducidos por su personalidad, la fascinación con la hipnosis y sus conocimientos médicos, iban creciendo y con ellos, sus ingresos. El director del balneario le pidió una comisión de las considerables ganancias que su «praxis aurea» le estaba aportando, lo que rechazó Vogt y su contrato fue finiquitado. Así que, siguiendo el consejo de Forel, decidió iniciar una nueva etapa, trasladándose a la capital de la Neurología mundial en ese momento, París. Oskar se buscó un acomodo en el laboratorio de Déjerine en la Salpêtrière. En la misma ciudad trabajaba Cécile Mugnier. Cécile había sido criada por una tía con fuertes convicciones católicas y educada en un convento, donde su tía confiaba en que ingresara como monja. Sin embargo, las cosas no salieron como la tía esperaba. A los 14 años, Cécile se negó simple y llanamente a tomar la Primera Comunión. Después escribió un ensayo criticando duramente a Dios por permitir tanta miseria en el mundo, que enojó terriblemente al profesor jesuita de su convento e hizo que su tía la desheredara. Con la ayuda de su madre, consiguió superar el bachillerato en ciencias y en 1893 fue una de las primeras mujeres aceptadas para estudiar Medicina. La vocación, rigor intelectual y capacidad de trabajo de Cécile hizo que Pierre Marie, una de las estrellas de la Neurología francesa, le ofreciera un puesto en su equipo. Aunque Marie y Déjérine habían tenido fricciones, la relación entre ambos laboratorios era intensa y Oskar y Cécile se pudieron conocer. Cécile era ya entonces una de las primeras neurólogas de Europa. Cécile y Oskar se casaron y tuvieron dos hijas, que serían dos buenas investigadoras. Los antecesores de Oskar incluían ministros luteranos, capitanes de barco y un pirata y Cécile solía recordar que su jefe en París, Pierre Marie, le aconsejaba que no se casara con un alemán, y menos con ese pasado. La pareja se entendió maravillosamente y trabajaron juntos y se amaron durante cinco décadas.

En marzo de 1914, con el apoyo de Fritz Alfred Krupp, el magnate del acero alemán, de quien era médico personal, Oskar Vogt fue nombrado profesor y director de un nuevo Instituto, el *Kaiser-Wilhelm-Institut für Hirnforschung und Allgemeine Biologie (Instituto Emperador Guillermo de*

Investigación Cerebral y Biología General). Allí empezó a recibir las donaciones de cerebros de personas prominentes, particularmente científicos, que llevaron a la creación de una colección creciente de «cerebros de la élite». Con ellos, los Vogt pretendían localizar «la fuente de la genialidad». Debido a la I Guerra Mundial y la difícil posguerra, la construcción de un edificio para el instituto, en Buch, un suburbio de Berlín, se demoró hasta 1931. Allí se formaron científicos con carreras prominentes como Korbinian Brodmann, Harald Brockhaus y N.V. Timofeev-Resovskij, con quien Solzhenitsyn se encontró en el Gulag. El Instituto estaba financiado por la Sociedad Emperador Guillermo (actualmente denominada Sociedad Max Planck), la Fundación Rockefeller, el gobierno del Reich alemán, el Estado federal de Prusia y la ciudad de Berlín.

En los primeros días de 1924 se le hizo a Vogt un encargo único. Fue uno de los neurólogos llamados a consulta en la enfermedad de Vladimir Ilyich, Lenin, que había sufrido varios derrames cerebrales los dos últimos años de su vida. Los mejores médicos alemanes fueron convocados, sin éxito, para intentar salvar su vida. Cuando Lenin falleció el 21 de enero de 1924 era considerado por las autoridades soviéticas «*el más grande los genios*», y se esperaba que su cerebro fuese único. Se estableció un comité asesor con «*médicos-comunistas*» seleccionados por el gobierno soviético para el estudio científico de su cerebro. A finales de ese 1924 se le pidió a Vogt que fuera a Moscú como asesor para la fundación de un «Instituto de Investigación sobre el Cerebro de Lenin».

El cerebro fue extraído antes de embalsamar el cuerpo de Lenin, así que probablemente se realizó un corte en la piel en la zona de la nuca, toda la piel se arrancó hacia delante como si fuera una careta de goma, se abrió la caja craneal con una sierra, se extrajo el cerebro, y luego la «tapa de los sesos» y la piel se volvieron a colocar en su lugar original. La autopsia reveló una grave arterioesclerosis cerebral y el cerebro se sumergió en formaldehído. Hay bastantes pruebas indirectas de que los médicos que realizaron la autopsia silenciaron un diagnóstico de sífilis encefálica pero no se ha demostrado. Stalin, que se había hecho con el poder tras el fallecimiento de Lenin, se dio cuenta de que se había creado un halo de santidad en torno a Lenin y decidió establecer un fuerte culto a la personalidad del «*gigante sobrehumano de la revolución*». Un apoyo para ese objetivo sería un estudio que demostrase que tenía el cerebro de un genio y había un hombre en el mundo especialmente cualificado para esa tarea: Vogt. Parece que él tuvo dudas, pero el gobierno alemán le presionó para que aceptase la «misión cultural» porque quería desarrollar la amistad con la Unión Soviética. De hecho, los generales alemanes querían probar armas y estrategias militares en la Unión Soviética, pues lo tenían prohibido en suelo alemán por el tratado de Versalles, y sus protectores, los Krupp, querían exportar armamento y maquinaria al nuevo régimen revolucionario.

Cuando Vogt fue contactado, indicó que era posible un estudio detallado, pero requería una enorme experiencia, un cuidado exquisito e instalaciones adecuadas. En realidad, estaba sugiriendo que solo lo podía hacer él. Además, advirtió sobre la imposibilidad de realizar ese estudio en Moscú, y que si no se daban pasos urgentes, la conservación del cerebro se iría deteriorando y el tejido no absorbería los colorantes requeridos para poder hacer un buen análisis. Las autoridades del Politburó presidido por Stalin no tenían claro dejar un estudio tan sensible en manos de un extranjero y enviaron dos médicos «de confianza» a formarse en su Instituto en Berlín. Pero estos dos camaradas no estaban muy convencidos de sus posibilidades y, finalmente, los dirigentes soviéticos decidieron encargarle que hiciera el estudio y que ayudara a la creación de un centro de estudio de Neurociencias, el Instituto de Investigación Cerebral de Moscú .

En este Instituto se fundó «El Panteón de los Cerebros», un repositorio de cerebros famosos, siguiendo las ideas y el modelo de trabajo de Vogt. El primer cerebro fue el de Lenin en 1924, luego se incorporaron los de Máximo Gorki, Konstantin Stanislawski, Sergej Eisenstein, Iwan Pawlow pero se siguieron añadiendo cerebros de personas famosas hasta 1989. El último incorporado fue el cerebro de Andrej Sajarov, físico nuclear, disidente, activista de los derechos humanos y premio Nobel de la Paz en 1975. El objetivo de este repositorio de cerebros era lograr una fundamentación materialista de las capacidades superiores del hombre, frente a las creencias religiosas o metafísicas.

El primer director del Instituto fue Vladimir Bekhterev. En 1927 fue llamado al Kremlin para que examinara a Stalin, que estaba en un estado de fuerte turbación. Bekhterev le encontró sumido en una depresión y con una agresividad desatada contra Trotsky y sus partidarios. Behkterev le diagnosticó «paranoia grave». De forma quizá no muy sorprendente, murió un par de días después, según se dijo de una infección intestinal. Su cerebro pasó a formar parte de la colección de su propio Instituto.

Oskar Vogt y su equipo cortaron el cerebro de Lenin en 31.000 secciones. El procesado y estudio de todos esos cortes llevó años. Vogt viajó a Moscú varias veces entre 1924 y 1930. Finalmente expuso algo que ha sido muy controvertido pues hay quien piensa que dijo a los rusos lo que querían oír: que el cerebro de Lenin era distinto, que tenía algo peculiar. Según Vogt, las neuronas piramidales de la capa III de la corteza cerebral eran de un tamaño mayor y más numerosas de lo normal, que la capa III era más gruesa y la capa IV más fina que en otros cerebros. Vogt propuso que estas células de la capa III, que él consideraba implicadas en circuitos de asociación, habrían permitido al dirigente ruso una «*mente muy ágil, relacionar ideas con gran rapidez, así como su sentido de la realidad.*» Llegó a llamar a Lenin «*atleta del pensamiento asociativo*».

Tras presentar sus resultados a los dignatarios soviéticos, Vogt planteó a continuación un estudio mucho más detallado donde las secciones del cerebro de Lenin se compararían con un número importante de otros cerebros (13 personas de la élite intelectual y política cuyos nombres eran recogidos en una lista y otros 39 cerebros de personas de distintos grupos étnicos de la Unión Soviética). Puesto que había que estudiar tantos cerebros habría que aumentar la financiación para reclutar investigadores para una tarea tan formidable. Todo ello quedó en suspenso con la llegada al poder de Hitler que en su libro «Mein Kampf» mostraba sus planes hacia el este de Europa y anticipaba la futura ruptura de las hostilidades entre Alemania y la Unión Soviética.

Con la llegada de los nazis al poder, Vogt empezó a ser maltratado. El 16 de marzo y el 21 de junio de 1933, tro-

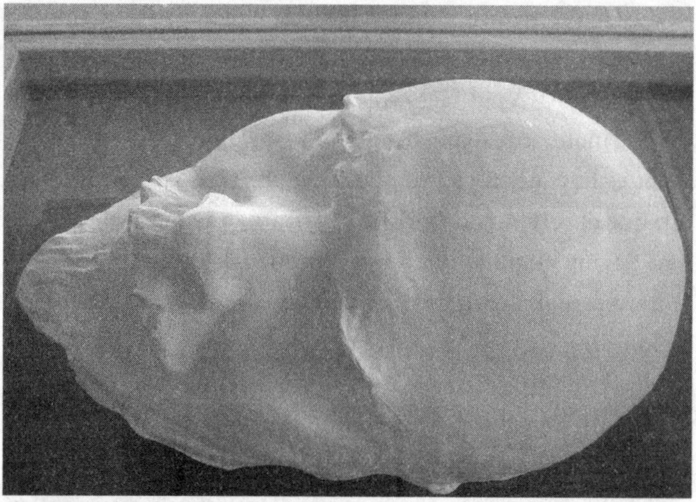

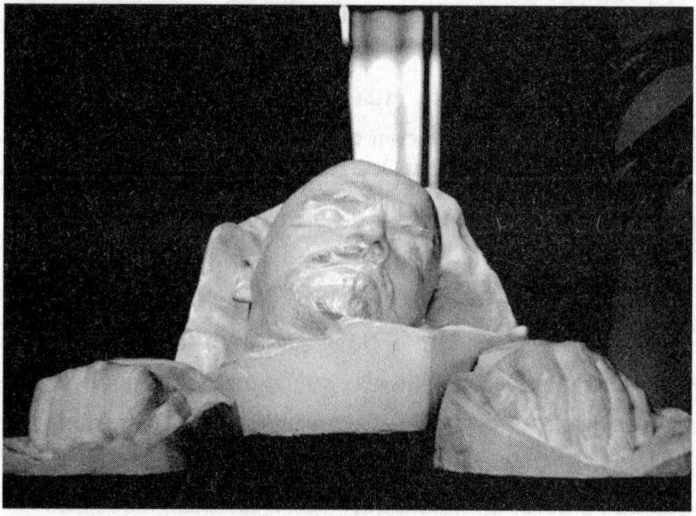

Dos de las máscaras mortuorias de Lenin.

pas de asalto del partido nacionalsocialista irrumpieron en el Instituto y la vivienda de los Vogt. Alguno de sus colaboradores envió cartas a los grupos parapoliciales con todo tipo de acusaciones, desde esconder izquierdistas a haber arrancado banderas nazis. El Instituto fue denominado *«un castillo comunista infiltrado de judíos»*. En 1937, Vogt fue obligado a dimitir de la dirección del Instituto por el gobierno nazi a quien no le gustaban ni las ideas de Vogt, ni sus contactos internacionales, ni su mujer francesa, ni sus colaboradores judíos, ni su actividad en Moscú. De hecho, el Tercer Reich había declarado que *«Lenin tenía queso suizo en la cabeza»*. De nuevo, los Krupp fueron en su ayuda. Le financiaron la creación de un nuevo instituto en Neustadt, en la Selva Negra, para que los Vogt pudieran continuar su trabajo lejos del bullicio de las grandes ciudades. Allí pasaron la II Guerra Mundial, con dificultades, y los primeros años de la posguerra. Vogt pidió analizar los cerebros de los condenados a muerte en los juicios de Nuremberg para estudiar las características anatómicas de la crimininalidad nazi. También comentó en una ocasión que ojalá algún día su cerebro y el de su amada Cécile reposaran, uno junto al otro, en el mismo armario donde guardaba la colección de encéfalos humanos.

En 1945, partes del cerebro de Lenin trasladadas por Vogt para su estudio seguían en Alemania. Había el riesgo de que pudieran caer en manos de los americanos que podrían usarlo para denigrar al auténtico padre de la Unión Soviética (la historia de la sífilis, que no hubiera realmente cambios estadísticamente significativos que apuntasen a la genialidad...), como ya habían hecho los nazis. Según dos belgas, L. van Bogaert y A. Dewulf, los soviéticos montaron una operación de comando para impedir que los americanos se hicieran con el tejido nervioso. Debe ser la única misión militar que se haya hecho nunca para conseguir unas preparaciones neurohistológicas y unos trocitos de cerebro. Y así, aquellos restos de un ser humano llamado Vladimir Ilyich Lenin, bien custodiados por el Ejército Rojo, retornaron a Moscú.

📖 PARA LEER MÁS:

- Bentivoglio, M. (1998) Cortical structure and mental skills: Oskar Vogt and the legacy of Lenin's brain. Brain Res. Bull. 47: 291-296.
- Gregory, P.R. (2008) *Lenin's Brain and Other Tales from the Secret Soviet Archives*. Hoover Institution Press. Stanford University, Stanford.
- Hagner, M. (2007) Geniale Gehirne: *Zur Geschichte der Elitegehirnforschung*. Deutscher Taschenbuch, Munich.
- Klatzo, I. (2002) *Cécile and Oskar Vogt: the visionaries of modern Neuroscience*. Springer, Viena.
- Kreutzberg GW, Klatzo I, Kleihues P. (1992) Oskar and Cécile Vogt, Lenin's brain and the bumble-bees of the Black Forest. Brain Pathol. 2:363-371.

Trucos neurocientíficos para enamorar

Este capítulo lo escribí el día de San Valentín. Y aunque el amor es descrito como un «trastorno mental transitorio», decidí seguir la magia del día, ayudar a Cupido y tratar de explicar qué nos dice la Neurociencia sobre cómo enamorar a otra persona:

1) **Seduce con tu lenguaje corporal**. El lenguaje corporal es universal. Existe un sistema de mensajes no verbales independiente de la cultura, el país o el grupo étnico, presente en todo el planeta y que utiliza la expresión facial, los gestos de las manos, la postura, la distancia o la mirada para lanzar insinuaciones de cortejo. Hombres y mujeres piensan que son los hombres quienes inician el acercamiento, pero no es así. Un estudio ha demostrado que los hombres solo se acercan si han recibido una señal «positiva» por parte de la mujer. Estas señales son bastante conocidas: sonreír, reír, mirar de reojo, asentir, pedir algo —un cigarrillo o ayuda—, alisarse el pelo o tocar a la otra persona. Esto tiene el feo nombre de conducta de solicitación, pero funciona. Las mujeres menos atractivas pero con una conducta de solicitación mayor tienen más posibilidades de ser abordadas que mujeres más atractivas que despliegan menos signos alentadores.

The platonic kiss por William H. Rau (1901)
[*Library of Congress*, Washington, D.C., USA]

El lenguaje corporal posee un fuerte componente biológico y permite establecer puentes amorosos al transmitir mensajes muy básicos, como atracción, deseo, timidez, miedo y un largo etcétera. Igual que en otras especies de primates, en los humanos una pose social de sumisión e interés transmite una imagen no amenazante y atrayente, que sirve para tranquilizar y agradar a las potenciales parejas. De esta manera, antes de que nuestra boca emita la primera palabra, nuestro cuerpo ya ha enviado muchos mensajes. Se ha calculado que cuando te encuentras con un desconocido, la impresión que tiene de ti se basa en un 55% en tu apariencia y lenguaje corporal, un 38% en tu forma de hablar y tan solo un 7% en lo que realmente dices. Entonces, ¿qué es lo que podemos aprender de los estudios científicos? Hay una serie de actos sencillos que le dicen a otra persona «me gustas». Adoptar una postura abierta, acogedora, sin cruzarnos de brazos, ni escondernos detrás de una mesa, así como copiar las posturas del otro, ayudan a crear un sentimiento de afinidad y disponibilidad. Un aspecto interesante en este sentido es copiar el lenguaje corporal ajeno. La mayoría de las personas no se dan cuenta de que las estás imitando pero tienden a evaluar más favorablemente a aquellos que lo hacen.

2) **Refuerza tu *sex appeal*.** Parece que es también beneficioso adoptar posturas que refuercen tu masculinidad o feminidad. Por ejemplo, los hombres con las manos en los bolsillos y los codos hacia fuera dan la imagen de un tórax más potente. Las mujeres que echan hacia atrás los hombros refuerzan la imagen de un atributo femenino: su pecho. Dentro de los comportamientos de cortejo, hay muchos animales que prac-

Cartel del musical *A Chinese honeymoon*
por George Dance & Howard Talbot (1902)
[*Library of Congress*, Washington, D.C., USA]

tican una danza gestual, sincronizando gestos y movimientos. Trasladado al lenguaje corporal humano, puede resultar útil imitar algunos de los gestos del objeto de nuestro deseo, tal como tomar un trago de bebida al mismo tiempo que él o ella, o moverse con la música.

3) **Comparte unas risas.** Algo que nos haga reír juntos crea un sentimiento de cercanía entre los dos. En 2004 los psicólogos Arthur Aron y Barbara Fraley llevaron a cabo un experimento en el que dos desconocidos tenían que realizar una actividad juntos. En un caso, se trataba de simplemente algo agradable o divertido, pero en el otro, provocaba la risa. Por ejemplo, tenían que aprender unos pasos de baile mientras uno llevaba una venda en los ojos y el otro, que debía dar instrucciones al «bailarín», sostenía en la boca una pajita de plástico que distorsionaba la voz. Las personas que rieron con su pareja desconocida se sintieron más cercanas y más atraídas hacia ella. Según Eduardo Jáuregui, profesor en la Universidad de San Luis (Missouri),

> *«además de la capacidad de estimular la creatividad, la memoria, la toma de decisiones, la motivación y la generosidad, entre otros beneficios menos conocidos de la risa y el buen humor se incluyen su poder de atracción y su capacidad para reducir tensiones entre las personas».*

4) **Comparte detalles íntimos de tu vida**... pero sin olvidar los riesgos que implica confiar en un desconocido. Arthur Arun, psicólogo de la Universidad de York, llevó a cabo el

A soul kiss (1909)
[*Library of Congress*, Washington, D.C., USA]

siguiente experimento: A varias parejas de desconocidos les pidió que pasaran treinta minutos de temas muy personales y que dedicaran luego otros cuatro minutos a mirarse a los ojos. El porcentaje de parejas en las que surgió una fuerte atracción fue muy superior al que habría cabido esperar en otras circunstancias. Por cierto, algunas de las parejas que participaron en este estudio para valorar las ventajas de compartir detalles íntimos terminaron en boda.

5) **No olvides la banda sonora**. Shakespeare afirmó que la música es el alimento del amor. La música ejerce un poder catalizador sobre nuestro estado de ánimo y es capaz de provocar cambios en la fisiología del organismo. La elección de música puede impulsar o detener un ambiente romántico. Dos psicólogos, May y Hamilton, comprobaron en 1980 que las mujeres que evaluaban fotos de hombres los consideraban más atractivos cuando sonaba como música de fondo un rock suave, con sus ritmos de batería y *tempo* rápido, con que cuando oían jazz o no había música. La música puede ejercer un fuerte impacto en cómo te ven y cómo ves tú a la otra persona, así que hay que elegir bien en qué bar nos metemos y confiar en el buen gusto del disc jockey.

6) **Organiza un ambiente adecuado**. Nuestra comunicación está modulada por el espacio físico que nos rodea y así el ambiente afecta a los mensajes que enviamos. Todos sabemos que algunos lugares son más románticos que otros, de modo que podemos mejorar nuestra comunicación y «poner más romance en nuestras vidas» eligiendo bien y adaptando

To the seventh heaven por Gordon Ross. Volar en 1912 era una actividad de auténtico riesgo. La portada de la revista satírica «Punk», en su número especial de San Valentín, muestra a una pareja joven viajando en una rudimentaria aeronave; el chico abraza a la chica por la cintura en señal de protección. Debajo, ángeles, trompetas y diamantes que forman el número «7». [*Library of Congress*, Washington, D.C., USA]

el ambiente que nos rodea. Las características de este lugar pueden ser muy variadas; por lo tanto, lo mejor es pensar cuál sería para ti el lugar ideal e intentar aproximarte a él. Para ese momento especial de la primera cita, dicen que es mejor estar rodeado con colores suaves, como marrones, azules y verdes.

7) **Mírale a los ojos**. Volviendo a Shakespeare, él escribió que el amor no está en el corazón, sino en los ojos. En realidad, está en el cerebro, pero no vamos a estropear una cita tan bonita. Establecer contacto visual es un acto con una fuerte carga psicológica y emocional. Un investigador organizó un experimento con voluntarios, desconocidos entre sí, que por parejas debían mirarse durante dos minutos en un café. Funcionó como por arte de magia. El cruce de las miradas «*incrementó los sentimientos de atracción, interés, calidez y excitación por el otro*». De hecho, una de las parejas que participó en estos experimentos terminó casándose. Los análisis neurocientíficos han comprobado que al cruzar la mirada con otra persona se activan zonas del cerebro relacionadas con la recompensa. Pero si la mirada no es devuelta, mejor dejarlo; en ese caso, la aproximación puede resultar infructuosa o ser calificada como acoso.

Se piensa que con la mirada buscamos señales de que esa pareja potencial puede estar interesada en nosotros. Tal vez se trate de un mecanismo antiguo destinado a no perder energía y tiempo con personas con las que no vamos a llegar a nada. Un estudio publicado en los Proceedings of the Royal Society pidió que se valorase el atractivo de una serie de fotos de personas de ambos sexos. De todas las imágenes, las más atractivas fueron aquellas en las que la persona miraba directamente y sonriendo, especialmente si era del sexo opuesto. Nos atrae la gente que nos dice algo con la mirada, que nos hace señales de que le gustamos.

8) **El miedo ayuda**. Parece que esto se debe a que las regiones cerebrales que procesan respectivamente la ansiedad, el sentido de alerta y la atracción están conectadas entre sí. En los años 1970, Arthur Aron y Don Dutton llevaron a cabo un experimento en el puente Capilano, una de las principales atracciones turísticas de Vancouver. Este puente colgante tiene 136 metros de longitud y una caída de 70 metros. Una atractiva mujer se acercó a los turistas varones y les preguntó si deseaban tomar parte en un experimento. Los que dijeron que sí, tuvieron que realizar un breve comentario sobre una foto que les mostró, algo sencillo, pero con la complicación de encontrarse en un puente que oscila y cruje. Al terminar, la chica les dio su número de teléfono garabateado en un papel por si querían formular alguna pregunta adicional. Como control, la chica hizo el mismo paripé con sujetos similares que acababan de cruzar un pequeño y seguro puente de un parque público. Los comentarios de los hombres que habían cruzado el puente arriesgado tuvieron una mayor carga afectiva, e incluso sexual, que los de los hombres del parque. Además, 9 de los 18 hombres que cruzaron el puente colgante llamaron al número que les había proporcionado la joven (supongo que se pondría un experimentador al teléfono), mientras que sólo lo hicieron 2 de los 16 varones abordados en el parque. La explicación es que el cerebro mezcla o confunde la excitación causada por el miedo

con la provocada por la chica. Tal vez sea esta la razón por la que entre las parejas jóvenes que inician una relación resulte tan típico visitar un parque de atracciones o ir a ver a una película de terror.

Otros experimentos han demostrado que las fotos de personas del otro sexo les parecieron más atractivas a quienes acababan de bajarse de una montaña rusa, que a quienes estaban esperando para subirse. Además, las parejas se sentían más atraídas después de ver una película de suspense que tras una más tranquila. Aunque la razón exacta no se conoce, puede que la adrenalina liberada por nuestro cuerpo por la sensación de peligro se mezcle con la excitación de la atracción sexual. Por eso, cuando alguien nos gusta, notamos que tenemos la boca seca.

A pesar de todo lo dicho hasta ahora, conviene tener en cuenta que el buscar escenarios «peligrosos» para mejorar el éxito de las pretensiones románticas puede convertirse en un arma de doble filo. Si bien es cierto que el encuentro en lugares con cierta tensión, con cierto peligro, aumenta la atracción, también sucede lo contrario: las personas que resultan poco atractivas, lo son aún menos en un lugar así... la vida.

9) **Vigila tu olor.** Cuando nos atrae alguien, puede ser porque subconscientemente nos gustan sus genes. ¿Y cómo sabemos que nos gustan sus genes? Los científicos creen que se debe a unas moléculas que flotan en el ambiente. El olfato es uno de los sentidos que con más fuerza influyen sobre nuestros centros cerebrales de decisión y afectan a nuestras emociones. Consciente o inconscientemente, buscamos los mejores genes para transmitirlos a nuestra descendencia, por

eso nos fijamos en aspectos que muestran salud, como un cabello brillante, buen color de piel y ausencia de manchas o eczemas, simetría en el cuerpo, alegría en el lenguaje corporal y un largo etcétera. Para incrementar las defensas de nuestra especie contra las infecciones, conviene que nuestra pareja tenga un sistema inmunitario diferente al nuestro y eso lo detecta nuestra nariz. Cada individuo produce unas sustancias odorantes únicas cuya síntesis depende de unos genes cercanos al complejo mayor de histocompatibilidad. Cada persona desprende un olor característico y por eso un buen sabueso es capaz de seguir la firma olfatoria de una persona específica.

Nos gustaría saber en qué pensaba el cariacontecido joven de la postal de 1908 *Love's Reward* de Celebrity Art Co (Boston)... ¿Demasiado ajo en el desayuno? [*Library of Congress*, Washington, D.C., USA]

Queremos que nuestra pareja difiera genéticamente de nosotros, pero no que sea totalmente diferente. Nos interesa que se parezca a nosotros porque eso garantiza la formación de vínculos estables durante el largo tiempo que dura la crianza de los seres humanos. Posiblemente por ello nos gustan también las personas que se parecen a nuestros padres, que es tanto como decir que se asemejan a nosotros.

10) **Busca un filtro de amor**. Desde hace cientos o miles de años, la humanidad ha buscado medios artificiales que nos vuelvan atractivos a los ojos la persona que nos gusta. Se ha comprobado que un pulverizador nasal que contenga la hormona oxitocina puede hacer que la gente confíe en ti, una parte importante de cualquier relación, aunque no hay pruebas de que esto baste para que alguien se enamore de ti. Tampoco se ha obtenido ninguna prueba científica de las feromonas, lo que no ha impedido que se conviertan un negocio multimillonario.

En unos curiosos experimentos llevados a cabo con perritos de las praderas, se observó que tras inyectarles en el cerebro la hormona vasopresina, los machos se sintieron más estrechamente ligados a las hembras, con un vínculo más fuerte y estable. Los perritos de las praderas son unas de las pocas especies monógamas. No está claro si un tratamiento parecido ejercería resultados similares sobre los seres humanos, pero no creo que sea una buena idea intentarlo.

Algunas drogas ilegales, como la cocaína o las anfetaminas, aumentan la liberación en el cerebro del neurotransmisor llamado dopamina, razón por la que pueden simular la euforia del enamoramiento. Curiosamente, los niveles de dopamina se elevan también, aunque en este caso de forma legal y sana, mediante el ejercicio físico. A otra sustancia, la feniletilamina, se le ha llamado la «molécula del amor» porque induce emociones de excitación y emoción También va unida a los efectos positivos del ejercicio pero sobre todo es conocida por su presencia en el chocolate. Así que salir a pasear juntos, dar una vuelta en bicicleta o ir a esquiar o nadar, puede aumentar tus posibilidades de celebrar San Valentín. Y si nada de esto funciona, recuerda: los bombones y su feniletilamina nunca fallan. Nunca fallan para los vendedores de chocolate. Para el resto, parece que este alcaloide antidepresivo es degradado rápidamente por la monoaminooxidasa, de modo que la administración oral, una forma «médica» de referirnos a la ingestión de bombones, no repercute en su concentración cerebral. Por tanto, lejos de favorecer el enamoramiento, la ingestión de chocolate puede perjudicarlo: piel y cabello con más grasa, granos en el rostro y aumento de peso. Pero está bien rico.

🕮 PARA LEER MÁS:

- Aamodt, S. y S. Wang (2008) *Entra en tu cerebro*. Ediciones B, Barcelona.
- Case, E. (2006) Six ways to woo your lover. New Scientist 2549: 46-47.

- Dutton, D. G., y Aron, A. P. (1974). Some evidence for heightened sexual attraction under conditions of high anxiety. J. Person. Social Psychol. 30(4): 510-517.

El insólito caso de Phineas Gage

El escritor Jesse Glass publicó un libro titulado *La pasión de Phineas Gage y otros poemas*. De quien quiero hablar no es de Glass sino de Gage, uno de los sujetos más famosos de la Historia de la Neurociencia. Glass empieza así la introducción de su obra:

> *«El 13 de septiembre de 1848, Phineas P. Gage se transformó en un instante de un responsable capataz del Ferrocarril Rutland y Burlington en un paria marginado y soez que era incapaz de soportar su vida como marido y como padre. El medio de esta remarcable transformación fue una barra de hierro de 3 centímetros de grosor y 109 centímetros de largo que atravesó el cerebro de Gage tras un desgraciado accidente con pólvora negra. Aquel día, Gage estaba trabajando en la voladura de rocas. Primero, taladraban un agujero en la piedra, luego echaban pólvora negra en el hueco y colocaban una capa de arena fina sobre la pólvora antes de que el explosivo se apisonara en su sitio con una barra de hierro. El día en cuestión, Gage, entretenido en una conversación, no comprobó si su asistente había colocado la arena encima de la*

carga y empezó a golpear directamente con la barra sobre la pólvora. La explosión le dejó aturdido pero no le mató. De forma llamativa, Gage vivió 12 años más tras su transformación, pero el accidente pareció privarle de todo sentido moral. Se convirtió en un vagabundo, asumiendo trabajos temporales en granjas y atracciones de feria. Trabajó como con-

La primera imagen que se conoce de Phineas P. Gage (1823 - † 1860), en la que se le confundió con un ballenero.

ductor de diligencias en Chile —disfrutando una breve vuelta a la normalidad— tuvo una recaída y volvió con su familia a los Estados Unidos. Cuando murió en 1860 fue enterrado con la barra que cambió su vida.»

Tenemos más información para completar su biografía: Phineas y su cuadrilla de obreros estaban abriendo un paso en un afloramiento rocoso al sur de Cavendish. Apisonar la pólvora y su fulminante ayudaba a concentrar la fuerza de la explosión. Gage debió hacer saltar alguna chispa al golpear la barra contra la roca y esto fue lo que causó la explosión a las cuatro y media de la tarde. La barra entró por debajo del pómulo izquierdo con su extremo en punta primero, le atravesó el cráneo de parte a parte y salió volando. Se encontró a 22 metros de distancia, manchada de sangre y materia cerebral. Había entrado por la base del cráneo y salió por su superficie superior, un poco a la izquierda y un poco delante de Bregma, el punto de unión de las suturas coronales y sagitales. Gage fue colocado en un carro de bueyes y llevado sentado a su pensión en Cavendish, muy malherido pero todavía capaz de subir las escaleras con ayuda de sus hombres. Se sentó en la baranda, contando lo que le había pasado a los curiosos y al médico, Edward H. William, al que, cuando llegó, le dijo *«Doctor, aquí hay tarea para usted»*. Poco después, llegaba otro médico, John M. Harlow, que escribiría posteriormente varios estudios clave sobre Gage. Entre los dos, consiguieron detener la enorme hemorragia, extrajeron fragmentos de huesos craneales de su cerebro y le cosieron la herida. Su mente estaba sorprendentemente lúcida y dijo que pensaba volver a trabajar en pocos días. El daño cerebral parecía enorme, con una grave afectación de las funciones mentales y fue dado por desahuciado. Gage, que estuvo semicomatoso las dos semanas siguientes tuvo una infección (un «hongo») en la zona expuesta del cerebro, que tuvo que ser tratada quirúrgicamente por Barlow que le salvó la vida de nuevo. Un mes después de la explosión, frente a todas las probabilidades, llegaron a la conclusión de que Gage viviría. Harlow debe haber sido un excelente médico, y también humilde porque repitiendo las palabras de Ambroise Paré, dijo sobre Gage «*Yo le traté. Dios le curó.*» Años más tarde, Harlow propuso cuatro razones para la milagrosa recuperación de Phineas:

1. «*Su forma física, voluntad y capacidad de aguante difícilmente podrían ser superadas.*»
2. «*La forma de la barra hizo que atravesara limpiamente sin dejar una concusión prolongada ni ninguna zona comprimida.*»
3. La entrada de la barra «*creó una abertura para drenar la infección, sin la cual la recuperación habría sido imposible.*»
4. La región del cerebro atravesada por la barra, fue «*por diversas razones, la más adecuada... para soportar el daño*».

Tres meses más tarde, Gage pudo desplazarse hasta la granja de sus padres en New Hampshire. Pasó casi un año de recuperación y en 1849 fue a Boston, donde el catedrático de cirugía de la Universidad de Harvard, Henry J. Bigelow, le examinó, mostrando el curioso caso a los estudiantes. Gage intentó recuperar su trabajo pero fue rechazado por los cambios en su personalidad. Se convirtió en una atracción de feria en el Museo Americano de Barnum, pasó por varios trabajos, siempre acompañado por su barra y se marchó a Chile con un contacto que quería montar una línea de transportes en Valparaíso. Tras pasar ocho años en América del Sur conduciendo diligencias, en junio de 1859 decidió volver y navegó de vuelta a California, donde ahora vivía su familia. Era ya un hombre en muy mal estado de salud, con ataques epilépticos, y murió poco después. No se hizo autopsia pero la madre de Gage, tras la exhumación de su hijo, le regaló el cráneo y la barra a John Harlow que publicó un estudio detallado sobre el accidente de Gage y su recuperación parcial. Harlow donó más tarde el cráneo y la barra a la colección de Historia de la Medicina de la Universidad de Harvard donde todavía se conservan.

La figura de Gage se ha utilizado y distorsionado. Frente a lo que escribió Glass, no parece probable que Gage fuera mal marido ni mal padre, ni mucho menos dedicarse al maltrato doméstico, porque no tenía mujer ni hijos. La madre de Phineas le dijo a Harlow que aquél entretenía a sus sobrinitos y sobrinitas con los más fabulosos relatos de sus aventuras, que no tenían más fundamento que su imaginación. Desarrolló un gran cariño a los animales, perros y caballos sobre todo, y a los niños. Lo único que superaba este cariño era su fijación con la barra de hierro que le acompañó durante toda la vida.

Su caso fue estudiado en detalle y tuvo una influencia en el debate sobre la localización cerebral de las funciones

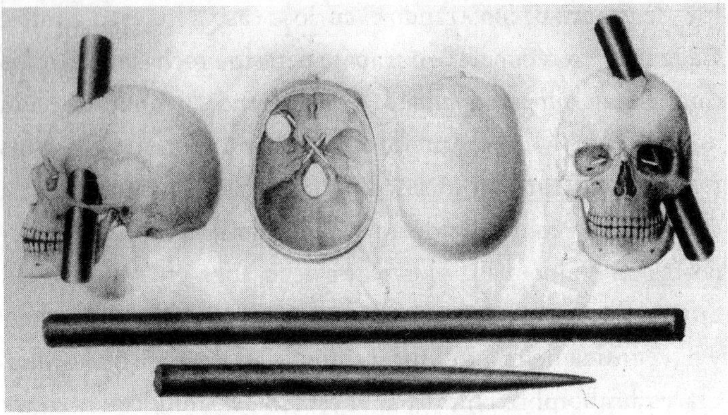

Visión lateral, ventral, dorsal y frontal del cráneo de Phineas Gage, se puede observar el lugar donde se alojó la barra de hierro y los orificios que provocó.

superiores, en particular de la personalidad y el comportamiento social. Después de Gage se encontraron otros casos similares, también con lesiones del lóbulo frontal del cerebro. Harlow escribió que Gage tuvo cambios en su intelecto personalidad y estabilidad emocional. Se convirtió, tras el accidente en alguien infantil, impulsivo, caprichoso y malhablado. Harlow describe la situación de Phineas Gage en el siguiente párrafo:

> *«El equilibrio o balance, por decirlo de alguna manera, entre sus facultades intelectuales y sus tendencias animales parecería haberse destruido. Es inestable, irreverente, deleitándose de vez cuando en los tacos más groseros... impaciente ante cualquier freno o consejo que entre en conflicto con sus deseos. Pertinazmente obstinado, caprichoso y vacilante sobre sus planes para el futuro `tan pronto organizados como*

> *abandonados'. Un niño en su capacidad intelectual y sus manifestaciones, tiene las pasiones animales de un hombre fuerte.»*

Esto contrastaba con lo que decían los que habían conocido a Gage antes del accidente y que le definían como:

> «*Fuerte y activo*», con «*una voluntad de hierro*» y un «*temperamento nervio-bilioso*». De hábitos moderados y «*poseyendo una considerable energía de carácter*». Un «*gran favorito*» para sus hombres. El «*más eficaz y capaz de los capataces contratados por sus empleadores*». En «*posesión de una mente equilibrada*». Un «*hombre de negocios astuto y listo, muy enérgico en la ejecución de todos sus planes*».

En palabras de Harlow y de sus compañeros: tras el accidente, «*Gage ya no era Gage*».

En los últimos veinte años se realizaron distintos escáneres del cráneo de Gage para intentar estimar la localización exacta de la lesión cerebral. Hannah Damasio y su equipo realizaron medidas, radiografías y fotografías del cráneo de Gage. Luego usaron estos datos para transformar en un ordenador el esquema tridimensional de la cabeza de un cadáver y ajustarla a las medidas de Gage. Así pudieron concluir que la lesión afectó al lóbulo frontal izquierdo, tal como había estimado Harlow y que es posible que el lóbulo derecho permitiera cierta recuperación funcional. De hecho, hay serios interrogantes sobre si los cambios de personalidad de Gage se mantuvieron toda la vida o si volvió a cierta normalidad y

La segunda imagen que se conoce de Phineas Gage, en la que posa con la barra de metal que le acompañó gran parte de su vida.

estuvo mucho más adaptado socialmente de lo que se pensaba hasta hace no mucho tiempo.

En 2009 y 2010 se produjeron dos descubrimientos inesperados: dos fotografías de Phineas Gage. Para mí, que había leído sobre él desde hace veinticinco años fue un sentimiento especial verle por fin la cara. La primera foto estaba en una colección de daguerrotipos y le llamaban «el ballenero» porque pensaban que lo que lucía orgulloso en la mano, la barra, era un arpón y su ojo cerrado el resultado de un mal encuentro con una ballena. La segunda apareció poco después entre las posesiones de una descendiente de Gage. Se le ve «*guapo, bien vestido y mostrando confianza, incluso orgullo*». Por supuesto, también sujeta firmemente la barra que le hirió. Y nos guiña el ojo para siempre.

📖 PARA LEER MÁS:

- Glass, J. (2006) *The Passion of Phineas Gage & Selected Poems*. West House, Ahadada.
- Harlow, J.M. (1868). «Recovery from the Passage of an Iron Bar through the Head.» *Publications of the Massachusetts Medical Society* 2: 327-347 (Republished in Macmillan 2000).
- Macmillan, M. Phineas Gage –Unravelling the myth. http://www.thepsychologist.org.uk/archive/archive_home.cfm/volumeID_21-editionID_164-ArticleID_1399-getfile_getPDF/thepsychologist%5C0908look.pdf

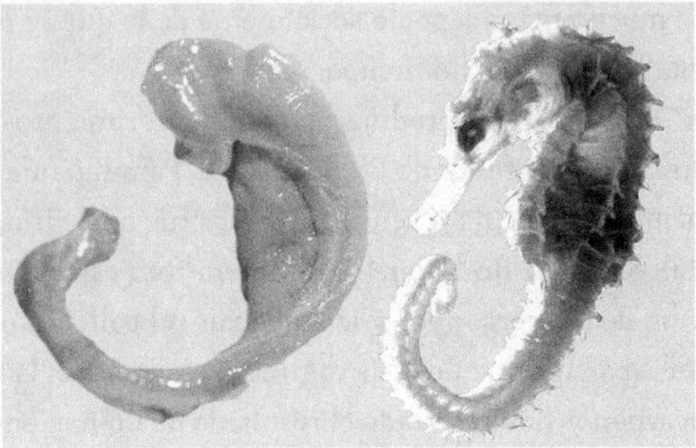

Preparación de un hipocampo humano, efectuada por el profesor Laszlo Seress, junto a la imagen de un caballito de mar o *hippocampus*. Su nombre proviene de *hippo* (caballo), por la forma de su cabeza; y *campus* (en la mitología griega, *Campe*, del griego antiguo Καμπη *Kámpê*, quizá de καμπος *kámpos*, era un «monstruo marino», un ser femenino por la forma sinuosa de su cuerpo).

En Londres, los clásicos taxis negros (*cabs*) están diseñados justo para su función, no son «utilitarios» reconvertidos. Son altos... tanto que, según dicen sus conductores, un caballero puede entrar y salir de él sin tener que quitarse su sombrero de copa. Desde 1831 no hay restricciones en cuanto al número de taxis, siempre y cuando cumplan los requisitos legales, tanto el vehículo, como el conductor.

El caballito de mar de los taxistas londinenses

Quizá la parte más estudiada del cerebro es la que ha recibido los nombres más divertidos: el asta de Ammón o cuerno de Ammón, en recuerdo del dios egipcio, pero sobre todo se le conoce como hipocampo. Un hipocampo es un pez, el caballito de mar, y el nombre del pececito y de la estructura cerebral se deben a su parecido, a su peculiar forma alargada y curva.

El hipocampo interviene en la memoria a largo plazo y, en particular en la navegación y memoria espacial. Si los sistemas de conexiones hipocámpicas se dañan, como sucede en las personas con alzhéimer, pueden ser incapaces de encontrar el camino de vuelta a casa o tener grandes dificultades para almacenar nuevas memorias, perdiendo los recuerdos cercanos en el tiempo, aunque sean capaces de contar anécdotas de su infancia.

En el año 2000 unos investigadores del University College de Londres dirigidos por Eleanor Maguire decidieron ver si el hipocampo, como área cerebral concreta, con funciones determinadas, con un tamaño suficiente para poder delimitarse bien en un escáner cerebral, variaba en personas que ejercitasen mucho la memoria espacial. En un experimento de este tipo necesitas eliminar el mayor número de variables posibles: así que, de forma ideal, necesitarías un grupo amplio, elegir personas del mismo sexo, de un rango de edades parecidas, que tuvieran un ritmo de vida similar. La gran idea del grupo de investigación de Maguire fue pensar en los taxistas. ¿Quién mejor que ellos retiene un mapa espacial complejo en su cerebro, lo ejercita continuamente, lo aplica en su vida habitual durante bastantes horas cada día?

Los resultados fueron sorprendentes: los taxistas londinenses tenían hipocampos de mayor tamaño que el grupo control. Usar mucho una zona cerebral se notaba en su tamaño. Como si fuera un músculo, el ejercicio afectaba también al tejido nervioso. El estudio tenía también importancia porque entendiendo cómo se almacenan datos en nuestro cerebro podemos comprender qué está pasando en las personas que pierden una de estas habilidades. Según Maguire:

> «*La habilidad para encontrar nuestro camino dentro de un ambiente determinado y para recordar los sucesos que ocurrieron allí —y se considera que ambos aspectos están mediados por el hipocampo— son fundamentales para un funcionamiento normal en la vida diaria... Desafortunadamente, el hipocampo es vulnerable al daño cerebral en la epilepsia, en la demencia, y en la anoxia (cuando el cerebro está privado de oxígeno), lo que causa un impacto en ambas capacidades, dejando a los pacientes gravemente afectados y dependientes de otros para el día a día.*»

Para poder trabajar en uno de los famosos *cabs,* los grandes taxis negros de Londres, no basta con conseguir una licencia. Tienes que tener el «Conocimiento». Eso es haber aprendido en detalle la ingente cantidad de avenidas y callejones en un círculo de seis millas de radio desde Charing Cross. Se calcula que un taxista «medio» de una gran ciudad puede llegar a memorizar hasta 250.000 lugares diferentes. ¡Y encima procesan esa información al mismo tiempo que sortean avalanchas de vehículos, oyen a Jiménez Losantos y explican lo que debería hacer el gobierno en el futuro inmediato!

El experimento se repitió en ratones (no se les pedía conducir un taxi, sino moverse en un laberinto acuático, donde tenían que recordar en qué puntos había plataformas sumergidas sobre las que se podían apoyar) y se vio que en menos de una semana de entrenamiento el hipocampo mostraba ya un crecimiento observable, un aumento del volumen entre el 3 y el 4% frente al de controles.

Las personas que deciden conducir un taxi en Londres tienen que estudiar unos tres años en autoescuelas especiales, hasta conseguir demostrar que conocen 400 rutas predeterminadas o que saben decir cuál es el mejor camino entre un punto y un destino. La tarea es tan seria que aproximadamente tres cuartas partes de las personas que inician la formación, lo dejan. Pero una vez alcanzado «el Conocimiento» y empezado a trabajar, el hipocampo seguirá almacenando direcciones, rutas. De hecho, en una muestra llamativa de la capacidad de plasticidad y adaptabilidad del cerebro adulto, el hipocampo había crecido aun más cuando los taxistas llevaban más años en la profesión.

Los resultados del estudio de Maguire nos hacen pensar qué partes del cerebro ejercitamos y qué pasará con las que no usamos apenas. La verdad es que nuestro cerebro está procesando información continuamente y no es cierto eso de que solo usamos un 10%. Es muy difícil pensar en un cerebro atrófico pero, como decía David Cohen, uno de los taxistas que participaron en el estudio, «*Nunca he notado que parte de mi cerebro estuviese creciendo. Te hace pensar qué estará sucediendo con el resto*».

El estudio de los taxistas londinenses tuvo una segunda parte en 2008. Utilizando una nueva generación de escáneres cerebrales se analizó en más profundidad el proceso, viendo qué regiones encefálicas concretas se activaban cuando el taxista consideraba varias rutas posibles, cuando veía un lugar característico o cuando pensaba en sus clientes. Puesto que los investigadores no podían colocar un escáner en el taxi e ir analizando la función cerebral según el taxista va conduciendo, lo que hicieron fue llevar las calles de Londres al laboratorio. Para eso manipularon un juego de la Play Station para hacer «creer» al taxista que conducía por las calles de la City. Así, identificaron tres tipos de neuronas: neuronas de lugar, que cartografían nuestra localización; neuronas de dirección, que nos informan en qué sentido vamos, y neuronas de cuadrícula que nos señalan cuánto hemos avanzado. Estudiaron también la activación de otras regiones cerebrales y vieron que la corteza prefrontal medial se encargaba de estimar la distancia que quedaba hasta el destino, se activaba cada vez más cuanto más cerca estabas del punto final como si fuera un detector de metales; la corteza prefrontal lateral derecha entraba en acción cuando aparecían circunstancias inesperadas, por ejemplo una calle cortada; la corteza prefrontal anterior tomaba las riendas cuando había que hacer una planificación instantánea, por ejemplo si ante esa calle cortada, había que seguir una ruta alternativa; la corteza retrosplenial iba identificando puntos clave del recorrido, lugares de paso esperados y el lugar de destino. ¿Y el hipocampo? El hipocampo era el director de orquesta, el que coordinaba esta compleja sinfonía de neuronas disparando en una melodía funcional y flexible. El hipocampo solo se activaba al principio, cuando se planificaba la ruta o si, a lo largo del recorrido, el taxista tenía que hacer un cambio total de itinerario. Por último, también se activaban zonas cerebrales involucradas en el comportamiento social. El cerebro del taxista está analizando continuamente qué estarán pensando sus clientes. Y es que la propina va en ello.

📖 PARA LEER MÁS:

- Maguire, E.A., D.G. Gadian, I.S. Johnsrude, C.D. Good, J. Ashburner, R.S. Frackowiak, C.D. Frith (2000). «Navigation-related structural change in the hippocampi of taxi drivers». PNAS 97 (8): 4398-4403.
- Woollett, K., H. J. Spiers, E.A. Maguire (2009) Talent in the taxi: a model system for exploring expertise. Phil. Trans. R. Soc. B 364(1522): 1407-1416.
- http://news.bbc.co.uk/2/hi/677048.stm

- http://news.bbc.co.uk/2/hi/7613621.stm
- http://www.wellcome.ac.uk/News/2004/Features/WTX032958.htm

La mujer que nos salvó hace cincuenta años

Las personas que nacimos entre 1957 y 1963 tuvimos un peligro que nos pasó inadvertido. Las generaciones posteriores fueron probablemente salvadas por una mujer que casi nadie recuerda, Frances Kelsey.

La Dra. Frances Oldham Kelsey tiene ahora 96 años, está casi sorda y tiene dificultades para moverse. Es sencilla y modesta como la casa en la que vive a las afueras de Washington. Quería escribir esto en su recuerdo y en su honor, mientras todavía está entre nosotros.

Frances Kathleen Oldham, su apellido de soltera, fue matriculada en una escuela para chicos porque sus padres querían para ella una buena formación, instrucción científica, una educación similar a la de su hermano mayor, algo no muy frecuente en los años veinte y treinta. Quizá sobrellevar aquel ambiente de muchachos la hizo una luchadora para el resto de su vida.

Kelsey era canadiense y terminó la carrera de Farmacología en la Universidad de McGill en Montreal. Su salto a los Estados Unidos tiene un toque divertido. Frances escribió una solicitud al Dr. Geiling que estaba montando un potente grupo de Farmacología en Chicago. Geiling le respondió ofreciéndole una plaza de ayudante de investigación y una beca para hacer allí la tesis. Pero había un ligero problema. El cable de respuesta venía dirigido a «*Querido Sr. Oldham*» Kelsey preguntó a su catedrático en McGill si debía mandar un telegrama explicando que Frances con «e» es un nombre de mujer, pero el profesor le contestó: «*No seas ridícula. Acepta el puesto, firma con tu nombre, pon Miss entre paréntesis detrás y plántate allí.*»

En Chicago, Kelsey colaboró en el esfuerzo bélico de la II Guerra Mundial. En 1942, las tropas aliadas que luchaban

La Dra. Frances Oldham Kelsey con parte de la documentación que preparó en su lucha contra la Talidomida. (*Fotografía de Art Rickerby, 1963*)

en el Pacífico tenían más bajas por la malaria que por los japoneses. Puesto que las tropas enemigas habían capturado grandes plantaciones de cinchona, el árbol de donde se extrae la quinina, los laboratorios de Farmacología norteamericanos buscaban un sustituto, un antimalárico sintético, probando numerosas fórmulas. Al laboratorio de Kelsey, llegó una sustancia oscura procedente de un veterinario de Texas. En el escrito adjunto, —según Kelsey— «*el veterinario comentaba que `lo había probado en su secretaria sin ver ningún efecto adverso´*» y que pensaba a continuación probarlo en el ganado. Mostraba el valor relativo que tenían las mujeres y las vacas en Texas en aquel tiempo. La guerra terminó sin encontrar un buen sustituto para la quinina pero Kelsey aprendió algo valioso. Se dio cuenta que los conejos que usaba para sus experimentos metabolizaban la quinina con rapidez, pero las conejas preñadas lo hacían mucho peor y los embriones de conejo eran incapaces de degradarla.

Kelsey fue posteriormente contratada por la agencia que aprueba los medicamentos en Estados Unidos, la Food and Drug Administration (FDA). Uno de sus primeros trabajos, en 1960, fue revisar una solicitud de la Compañía William S. Merrell de Cincinnati para un sedante llamado Kevadon. El Kevadon se estaba vendiendo muy bien en Europa y parte de África, con más de cincuenta nombres comerciales distintos como Imidan, Softenon, Talargan, Varian, Contergan, Gluto Naftil, Noctosediv y Entero-sediv; había sido autorizado en más de veinte países y la empresa quería ampliar el mercado sumando inmediatamente la distribución y venta en los Estados Unidos. Para favorecer su difusión, la empresa fabricante había distribuido muestras gratuitamente en muchas consultas y ambulatorios. Como sistema de propaganda, las compañías farmacéuticas enviaban de forma rutinaria sus nuevos productos a médicos de su confianza, para que los probaran con sus pacientes.

En esa época, las empresas podían poner a la venta cualquier medicamento sesenta días después de presentar la solicitud si no había habido ninguna objeción. La FDA casi no

1962, recibiendo el *President's Award for Distinguished Federal Civilian Service*, un reconocimiento que se da a los civiles que prestan sus servicios al gobierno, de manos del propio presidente John F. Kennedy.

tenía personal y era muy difícil cumplir con ese plazo para hacer un estudio serio. Por otro lado, la compañía farmacéutica dueña de la patente, como solían hacer todas, presionaba sin escrúpulos a la FDA para tener un informe positivo con rapidez. Kelsey, a pesar de ser una extranjera y estar recién llegada a su puesto de trabajo, se negó en redondo. Pensaba que eran necesarios más ensayos de control y estaba preocupada por un estudio británico que mostraba graves efectos secundarios neurológicos en niños nacidos de personas que habían tomado ese fármaco.

La reacción de la empresa fue feroz. Se conservan entrevistas de radio con directivos de la compañía farmacéutica donde se muestran como víctimas y señalan que «*sienten que han hecho todo lo posible*» para comprobar que el medicamento es totalmente seguro antes de salir al mercado. Otro de ellos decía que los datos alegados por Kelsey no eran algo sobre lo que preocuparse porque las únicas personas que habían experimentado algún tipo de efecto secundario eran mujeres en su segundo mes de embarazo.

Aquel fármaco llevaba un principio activo llamado talidomida. No está claro su origen. Según Martin W. Johnson, director del Thalidomide Trust, la asociación de las víctimas del Reino Unido, hay evidencias de que el nuevo medicamento se desarrolló originalmente como un posible antídoto contra gases neurotóxicos como el sarín. La investigación la habría hecho Otto Ambros, un científico nazi que posteriormente se unió a Grünenthal, la empresa que lo lanzó como un fármaco comercial en 1957. Para otros fue sintetizado por investigadores de la Universidad de Nottingham en 1949. Fue considerado un «*medicamento milagroso*» porque mejoraba el insomnio, la tos, los catarros y los dolores de cabeza. Los analgésicos han estado siempre entre los fármacos neuroactivos más rentables. También se vio que evitaba las náuseas, por lo que empezó a ser usado por las embarazadas para aliviar las molestias de la mañana. A los pocos meses empezaron a nacer niños con terribles malformaciones congénitas. El 40% de los niños afectados murieron antes de cumplir un año. Del resto, lo más llamativo era la llamada focomelia, la ausencia de la mayor parte del brazo y la presencia en su lugar de una especie de aleta, además de la aplasia radial o falta del pulgar y del hueso adyacente en la extremidad superior y similares malformaciones en las superiores, junto a debilidad muscular y daños congénitos en ojos, orejas, riñones, genitales, conducto digestivo y en el sistema nervioso. La talidomida podía causar esas malformaciones tanto si lo tomaba la madre, como si era el padre el que lo había tomado ya que afecta también a los espermatozoides.

Como resultado de las muestras distribuidas a los médicos, 17 niños nacieron con defectos en Estados Unidos, pero fue un número mínimo si tenemos en cuenta que el número total de afectados por graves defectos de nacimiento y neuropatías a causa de la talidomida se estima entre 10.000 y 20.000 en 46 países. Algo vergonzoso es que España fue uno de los últimos países en retirarlo de la venta, el año 1963. Probablemente, la tozudez y compromiso de Kelsey evitó que el número fuera cien veces mayor o más en los Estados Unidos.

Cuando empezaron a aparecer niños con graves defectos de nacimiento, y se vio que en Estados Unidos el problema era mucho menor, Kelsey fue tratada como un héroe, siendo condecorada por el presidente Kennedy con la más importante medalla que se concede a un civil: la Cruz de Servicios Distinguidos. La FDA ha instituido un galardón que lleva su nombre y del que fue su primera premiada.

El desastre de la talidomida hizo que los principales países del mundo exigieran pruebas con animales antes de autorizar ningún medicamento y que esas pruebas incluyeran los efectos sobre animales preñados. La reforma de los ensayos clínicos de los nuevos medicamentos fueron aprobadas por unanimidad por el Congreso norteamericano en 1962. Estas reformas requerían «*límites más estrictos para las pruebas y la distribución de nuevos medicamentos*», para evitar problemas similares. La enmienda reconoció también, por vez primera, que «*la eficacia debe ser establecida antes de su comercialización*». La Dra. Kelsey escribió parte de esas normas. El legado de Frances Kelsey llega hasta nuestros días. Las nuevas normas, que exigían pruebas en animales mucho más estrictas, han salvado muchas vidas humanas y han permitido hacer una mejor Ciencia.

Los daños parece que se debieron a que la talidomida es un antiangiogénico, inhibe la formación de nuevos vasos sanguíneos. Las extremidades en desarrollo, brazos y piernas, son especialmente susceptibles porque su red de vasos y capilares en desarrollo es muy activa e inmadura. Si no se generan nuevos vasos sanguíneos, no se desarrollan bien brazos o piernas. Sin embargo, sabemos demasiado poco y las personas afectadas por la talidomida han sido poco apoyadas y la investigación sobre su situación es prácticamente nula.

La talidomida tuvo un resurgimiento como medicamento a finales del siglo XX. En la actualidad se emplea para el eritema nodoso de lepra y contra algunos tipos de cáncer como el mieloma múltiple y el sarcoma de Kaposi. En esas bromas del destino, en 2005 se vio que este fármaco, que tanto daño había causado también en el sistema nervioso, era eficaz en el tratamiento del melanoma, reduciendo las metástasis en el cerebro.

📖 PARA LEER MÁS:

- Hwu WJ, Lis E, Menell JH, Panageas KS, Lamb LA, Merrell J, Williams LJ, Krown SE, Chapman PB, Livingston PO, et al. (2005) Temozolomide plus thalidomide in patients with brain metastases from melanoma: a phase II study. Cancer 103(12):2590-2597.
- *Página web de la Frances Kelsey Secondary School.* http://www.fkss.ca/Dr_Kelsey/KelseyArt.html Acceso el 2 de febrero de 2011 a las 22:24.

La melena plomiza de Beethoven

Ludwig van Beethoven falleció en 1827. Tenía 56 años. Su muerte fue causada, casi seguro, por su afición al buen vino. Sin embargo, el problema no fue el alcoholismo. Según bastantes investigadores, Beethoven murió por un envenenamiento por plomo, lo que se llama saturnismo o plumbosis. El vino de su época era endulzado con un derivado del plomo, el acetato plúmbico, también llamado «azúcar de plomo», que se consideraba que mejoraba el sabor, el aroma y la conservación del vino. De hecho, es un potente inhibidor de la multiplicación de los microbios y de la actividad enzimática, que son los responsables de que un vino se vuelva agrio. Su copa favorita también estaba hecha de una aleación con una alta cantidad de plomo y se piensa que otra fuente de ese envenenamiento —que duró sin duda años— era el consumo de pescado del Danubio, procedente de un tramo de la corriente gravemente contaminado con este metal pesado.

El acetato de plomo ha sido un producto usado durante siglos y según una teoría, su amplia utilización como endulzante en la cocina fue la causa de que la población del Imperio Romano no aumentara, ya que afecta también al sistema reproductor. A pesar de que la higiene de los romanos era de muy buen nivel, el número de nacimientos era bajo y la población del Imperio se estancó en torno a 50 millones de habitantes durante siglos. Al acetato de plomo también se le atribuye que muchos emperadores romanos tuvieran serios problemas mentales o comportamientos desequilibrados. Durante el periodo imperial, el nivel del plomo en la atmósfera se cuadriplicó, pasando de 0.5 ppb (partes por billón) a 2 ppb. Los romanos fundían unas 80.000 toneladas de plomo al año, ya que era un subproducto de la minería de la plata, que se extraía en grandes cantidades en Hispania y Britania. Para conseguir entre uno y diez kilos de plata se producía una tonelada de plomo. Esa enorme cantidad de plomo se empezó a usar para fabricar cosméticos (con plomo y vapores de vinagre se producía una pasta blanca), como moneda, como pesos para la pesca, como lastre en los barcos, para hacer tuberías y como material de construcción. También se

Cinco mineros en una mina de plomo, posiblemente en la región de Coeur d'Alene, en Idaho. (H. English, Wallace, Ida. 1909) [*Library of Congress*, Washington, D.C., USA]

analizaron sus riesgos y su posible uso como medicamento. El griego Nicandor (siglo II a.C.) hace una descripción de un envenenamiento agudo con plomo. Hipócrates, Séneca, Galeno, Aureliano y otros notaron la asociación entre las comidas copiosas, el vino con plomo y el desarrollo de gota; y hay antiguos relatos médicos de los síntomas de intoxicación que presentaban los mineros que extraían la galena (PbS) u otras fuentes de plomo... a pesar de todo, éste se usó ampliamente como medicamento, incluyendo los emplastes de diacilón, una pasta hecha de óxido de plomo y aceite de oliva que era prescrita para problemas de la piel, pero que también era ingerida por mujeres que buscaban abortar.

El vino con plomo siguió siendo un problema durante siglos. Algunos reinos medievales de lo que son ahora España y Francia lo prohibieron en 1427. Sin embargo, se siguió usando en muchos países, especialmente en los vinos de más calidad. El tratado de Methuen de 1703 permitía la exportación de vinos portugueses «*fortificados*» (con plomo) a Gran Bretaña. La alta incidencia de gota en la clase alta británica en el siglo XVIII se considera que iba unida al consumo de una dieta rica en carne y al abuso del oporto con plomo. En la época de Beethoven, el plomo estaba también en las vajillas, en polvos cosméticos, en juguetes, en las tuberías e incluso como protecciones del pezón para las madres lactantes, de donde sería absorbido por los bebés.

Beethoven empezó a desarrollar problemas de salud bastante joven, al poco de cumplir veinte años. Sufrió de diarrea crónica y dolor abdominal, un problema que le acompañaría durante toda su vida, llegando a confesar que el cuarto movimiento de su Segunda Sinfonía es una descripción musical del ruido de sus tripas. Sin embargo, lo más famoso sobre su salud es su sordera. Beethoven empezó a notar pérdida de oído a los 26 años, y a los 32 asumió que se quedaría completamente sordo, lo que le llevó a una profunda depresión. Estuvo decidido a que su sordera no le arruinara la vida, aunque intentó por razones lógicas mantenerla en secreto mientras pudo. A pesar de sus graves problemas auditivos, en 1812 había completado las sinfonías *nº 2*, *nº 3* (*Heroica*), *nº 4*, *nº 5*, *nº 6* (*Pastoral*), *nº 7* y *nº 8*; los conciertos para piano *nº 4* y *nº 5* (*Emperador*), el *Concierto para violín*, varias sonatas para piano, los tres cuartetos de cuerda *Rasumovsky*, la ópera *Fidelio*, y muchas otras obras maestras. Muchos de los síntomas neurológicos que conocemos de esos años (comportamiento errático, irritabilidad y depresión) es muy posible que estuvieran ligados al plomo. Su sobrino y here-

Tubería de plomo de época romana. Acueducto Cornelio de Termini Imerese (Sicilia). Museo Arqueológico Regional de Palermo. (Giovanni Dall'Orto, 2006)

dero Karl, de quien Ludwig fue tutor, tuvo un intento de suicidio por las frustraciones que le causaba su «excéntrico» guardián.

Beethoven usó durante años trompetillas, pero a partir de los cincuenta no volvió a oír un sonido. A pesar de eso escribió después su Novena Sinfonía, considerada por muchos la obra más maravillosa de la Historia de la Música, y la primera parte de la Décima que la muerte le impidió acabar. En la autopsia de Beethoven se encontró atrofia cerebral, así como problemas en el hígado (cirrosis macronodular) y necrosis renal.

El plomo es neurotóxico. Afecta de una manera irreversible y tremendamente dañina al sistema nervioso central. Tras una exposición prolongada al plomo se produce ceguera, insomnio, sordera, convulsiones y parálisis. También se ha

Etiqueta de la pintura *Capitol White Lead* (1866). Hasta hace muy poco tiempo, muchas pinturas contenían plomo. [*Library of Congress*, Washington, D.C., USA]

comprobado que produce estreñimiento, problemas renales e incrementa la frecuencia de algunos tipos de cáncer. Está con nosotros desde hace miles de años. Se han encontrado trozos de plomo en las ruinas más antiguas de Troya (3.000 a.C.) y hay registros escritos en la época del faraón Tutmosis III (1.500 a.C.) y el en *Libro de Jeremías* (800 a.C.). Estando en contacto con el plomo se produce un envenenamiento progresivo, lento y continuo. Pero si la ingestión es aguda, se producen alucinaciones súbitas y aterradoras. El efecto del plomo se produce al ser absorbido en el torrente sanguí-

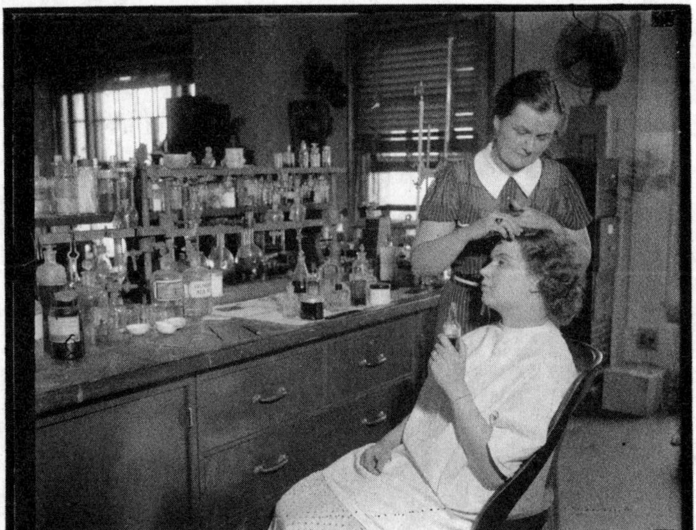

Una inspección rutinaria de productos cosméticos realizada por el gobierno de Estados Unidos. La señora R. Goodman (sentada) junto a la señora C.R. West, que le aplica a la primera un tinte capilar. Los tintes contenían plomo y podían provocar enfermedades crónicas si las fórmulas eran incorrectas; el Departamento de Agricultura buscaba continuamente falsos etiquetados y publicidad engañosa (Harris & Ewing, 1937) [*Library of Congress*, Washington, D.C., USA]

neo. Genera la inactivación de las enzimas que producen la hemoglobina lo que hace que se acumule un precursor, el ácido aminolevulínico, que es el auténtico agente nocivo.

En el siglo XX el plomo formaba parte consustancial de nuestra vida cotidiana: las tuberías del agua que bebíamos eran de plomo, los depósitos donde almacenábamos ese agua estaban recubiertos de plomo, la cerámica de nuestros platos, cazuelas y jarras llevaba frecuentemente cantidades significativas de plomo, muchas latas de conserva tenían una soldadura hecha con plomo, muchas pinturas estaban fabricadas con plomo, los tubos de dentífrico o leche condensada estaban hechos de plomo y, sobre todo, la gasolina llevaba una cantidad de plomo importante que era inhalada por todas las personas que respiraban el aire contaminado por los tubos de escape de los vehículos.

Country store on dirt road. Un surtidor de queroseno y gasolina con algunos «parroquianos» un domingo por la tarde, en una carretera rural de Gordontown, Carolina del Norte. (Dorothea Lange, 1939) [*Library of Congress*, Washington, D.C., USA]

En 1921, Thomas Midgley encontró que añadiendo un derivado de plomo a la gasolina se eliminaba una trepidación en los motores. Las grandes petroleras crearon una empresa para producir ese aditivo, la Ethyl Corporation. En los años 1960 todos los coches del mundo usaban gasolina con plomo.

Clair Patterson empezó a estudiar los isótopos de plomo como tema de su tesis doctoral para intentar conocer la edad de la Tierra. Se dio cuenta que la cantidad de plomo en la atmósfera era enorme, mucho mayor que en los registros preindustriales, y el 90% parecía provenir de los tubos de escape de los vehículos. En 1953 Patterson fue al Laboratorio Nacional del Ministerio de Energía en Argonne, Illinois, con sus muestras y pudo demostrar, basándose en las proporciones uranio:plomo que la edad de nuestro planeta era de unos 4.550 millones de años, una cifra muy exacta. Para saber la evolución de la cantidad de plomo en la atmósfera tuvo que recurrir a testigos de hielo de Groenlandia, viendo el incremento brutal tras la introducción de las gasolinas con plomo. Esas petroleras dispersaron en el medio ambiente 7 millones de toneladas de plomo a través de los tubos de escape. Desde ese momento, se decidió a luchar contra la presencia de plomo en el medio ambiente. Ethyl Corporation, la empresa gigantesca que producía la práctica totalidad de los aditivos de plomo usó todo su poder contra él. Jamie Lincoln Kitman publicaba en el año 2000 en *The Nation,* que directivos de Ethyl ofrecieron financiación a la dirección del instituto donde trabajaba Patterson «*si se le mandaba a hacer las maletas*». En 1966 se hizo un estudio de escolares en Chicago y un 5.7% de los 68.800 niños analizados tenían niveles de plomo en sangre potencialmente tóxicos. En 1969 y 1971 se repitieron estos estudios encontrándose una incidencia aún mayor, del 7.2%. En 1970 se aprobó la Ley de Aire Limpio. En 1979 un estudio indicó que había diferencias significativas en la inteligencia y capacidad de concentración en los niños de ciudad frente a niños de zonas rurales, relacionándose esa diferencia con el plomo presente en el humo de los escapes y las pinturas con plomo. En 1986 se prohibió la gasolina con plomo en los Estados Unidos. El país americano prohibió el plomo en la pintura de interiores «cuarenta y cuatro años después que la mayoría de los países de Europa». Estudios posteriores indicaron que no estaba tan clara la relación entre envenenamiento por plomo y cociente de inteligencia, pero tras la eliminación del plomo tetraetílico (el aditivo de las gasolinas), se redujo en un 80% la cantidad de plomo en la sangre, mejorándose considerablemente la salud de las personas que vivían en zonas urbanas.

Beethoven visitó médico tras médico en búsqueda de una cura. Ninguno fue capaz de ayudarle. Por esas ironías del destino, en una carta a sus hermanos les expresó el deseo de que tras su muerte «*los científicos usaran sus restos para encontrar la causa de su enfermedad de manera que otros no sufrieran como él había sufrido.*» En el año 2000, Bill Walsh analizó en el Laboratorio Nacional de Argonne, el mismo donde había trabajado Patterson con sus muestras geológicas, seis cabellos de 15 centímetros de longitud de su famosa melena, y un trozo de cráneo de Beethoven: se demostró la presencia de niveles muy altos de plomo, unas cien veces más que en una persona de la misma edad sin exposición a plomo. Sin embargo, otro estudio del año 2010, utilizando otros fragmentos mayores de cráneo encontró menos plomo

(12 microgramos por gramo de hueso) que la cifra esperada en alguien de su edad (21 microgramos). Es, por tanto, un enigma que continúa sin resolverse aunque quizá el plomo nos privó de más música hermosa, una música que es, como decía Beethoven, el «*mediador entre la vida intelectual y la sensual.*»

📖 PARA LEER MÁS:

- Bryson, B. (2007) *Una breve historia de casi todo.* 6ª ed. Barcelona: RBA libros. pp. 193-197.
- Emsley, J. (2001) *Nature's Building Blocks. An A-Z Guide to the Elements.* Oxford: Oxford University Press. pp. 226-233.
- Green, D.W. (1985) The saturnine curse: A history of lead poisoning. South. Med. J. 78: 48-51.

Vuelve de la muerte y cuéntanoslo

Platón termina su obra *La República* con la historia de un soldado, el mito de Er. Er ha combatido y muerto en la batalla, pero cuando su cuerpo es recogido diez días después, no ha iniciado su descomposición. Despierta en la pira funeraria dos días más tarde y explica a los hombres su viaje por el Más Allá. Les habla del castigo a los malvados y el premio a los buenos. Este relato platónico ha influido enormemente en la filosofía y la religión occidental. Y es, quizá, la primera referencia en la Historia sobre una experiencia cercana a la muerte.

Experiencia cercana a la muerte (ECM) es un término creado por el Dr. Raymond Moody en su libro de 1975, *Life after Life,* que tuvo un enorme impacto. Esta vivencia hace referencia a una gran variedad de sensaciones muy potentes experimentadas por una persona en un momento de riesgo de fallecimiento o, en algunos casos, de graves crisis físicas o emocionales. Las sensaciones pueden incluir la separación del propio cuerpo, que en ocasiones es visto desde el exterior, levitando o en un vuelo suave; serenidad total y una gran sensación de bienestar o seguridad; entrada en paisajes irreales, sensación de movimiento a través de una zona oscura; calidez y la presencia de una luz, a menudo descrita como situada al final de un túnel en tinieblas. En bastantes ocasiones, esa luz no es descrita como algo visual sino un fenómeno psicológicamente más impactante y que las personas creyentes identifican con un ser sobrenatural. En muchos casos hay también otros componentes «espirituales»: algunas personas dentro de esa luz encuentran seres radiantes, de los que nace la luz. Pueden ser conocidos o no, en ocasiones personas queridas que han fallecido. En algunos de estos relatos de los que han pasado por esta experiencia mencionan haber experimentado un repaso de toda su vida o que los seres sobrenaturales les han preguntado si querían continuar ese camino o preferían volver a su cuerpo. Las experiencias son, por tanto, muy variadas, aunque la mayoría de la gente que ha pasado por momentos de muerte inminente, al recuperar la consciencia no recuerdan nada. Una minoría experimenta terror, ansiedad o desolación. No es, por tanto, una experiencia generalizable y la diversidad es amplia aunque hay muchas descripciones comunes.

Las ECM no son algo raro. Según una encuesta de 1997, 18 millones de norteamericanos habían tenido una. Kenneth Ring, un psicólogo, fundador de la Asociación Internacional para el Estudio de la Cercanía a la Muerte (IANDS) ha publicado que la frecuencia sería mayor, alcanzando una de cada tres personas. Parece una cantidad exagerada y distintos estudios científicos la sitúan entre el 4 y el 18% de la población, habiendo un cierto consenso en que la probabilidad de tener una ECM estaría en torno al 5%. La frecuencia es similar entre creyentes y no creyentes, aunque ambos grupos interpretan la ECM de diferente manera, con arreglo a sus ideas. Las encuestas realizadas por Ring no encontraron diferencias en función de la raza, el sexo, la edad, la clase social, el nivel educativo o la situación que le había llevado a estar próximo a morir: una enfermedad, un accidente o un intento de suicidio.

En algunas publicaciones, las ECM se describen como experimentadas por personas que han sido declaradas «clínicamente muertas». Es un error común y peligroso. Salvo en unas circunstancias de torpeza increíble, ninguna persona declarada clínicamente muerta ha «vuelto» para contar sus experiencias. En general, se trata de personas que han tenido problemas de riego sanguíneo como, por ejemplo, por haber sufrido una parada cardíaca. Otras opciones también frecuentes son por haber perdido gran cantidad de sangre, por ejemplo en un parto complicado o un accidente.

Las explicaciones científicas sobre las ECM son muy variadas: caída en el nivel de oxígeno cerebral, intoxicación por aumento del CO_2, actividad epiléptica en el lóbulo temporal, crisis alucinatorias... Kevin Nelson, un neurofisiólogo de la Universidad de Kentucky ha publicado un libro sobre las ECM titulado *The Spiritual Doorway in the Brain*. El equipo de Nelson piensa que las ECM tienen lugar en zonas fronterizas entre los estados de consciencia. Hay tres estados: estar despierto, en sueño REM o en sueño no-REM. Pero los límites entre uno y otro no son nítidos y una persona se podría situar en una zona difusa entre dos de ellos, especialmente entre sueño REM y estar despierto. Entre una cuarta y una quinta parte de todas las personas experimentarían ese estado extraño de consciencia al menos una vez en su vida. El equipo de Nelson indica que el interruptor entre esos estados de conciencia se situaría en el tronco del encéfalo y que esta región del sistema nervioso central, que regula la transición entre estos estados, funciona de forma diferente en personas que han tenido una ECM. Estas personas tienen más probabilidad de quedarse en ese estado intermedio entre despertar y sueño REM, y, por lo tanto, tendrían más facilidad para tener una ECM. Es interesante que esa capacidad, cuando se da, aparece en varios miembros de la misma familia, lo que sugiere un factor genético o un potente factor cultural compartido entre todos ellos.

El funcionamiento cerebral de una ECM y la propia experiencia serían muy parecidos a un sueño lúcido, un sueño en el que uno sabe que está soñando. Muchos conocemos esa sensación que tenemos cuando estamos despertando, ya

Una fantástica fotografía de Toni Frissell (*Weeki Wachee spring, Florida*) que muestra a una mujer flotando, casi ingrávida, en el agua. Fue publicada por *Harpers Bazaar* en su edición diciembre de 1947, y más tarde por la revista *Sports Illustrated* en 1955; desde entonces ha sido utilizada varias veces como portada de discos y libros. [*Library of Congress*, Washington, D.C., USA]

nos damos cuenta de las cosas que nos rodean, pero el sueño está en sus últimos instantes y podemos estar confusos, sin saber dónde estamos, siendo difícil determinar qué es sueño y qué es realidad. Las medidas de la actividad cerebral indican que el sueño lúcido correspondería a ese estado intermedio entre estar despierto y el sueño REM. En el sueño REM, la corteza prefrontal dorsolateral está inactiva. Puesto que esta región interviene en el control racional, ejecutivo de nuestro pensamiento, explicaría por qué los sueños son tan ilógicos, tan extraños, tan insólitos. Si esta zona se activa en medio de nuestro sueño, entonces somos conscientes de que estamos soñando, y tenemos un sueño lúcido o despertamos en medio del sueño. Se supone que en un momento de crisis durante una ECM, nuestro cerebro estaría pasando de la consciencia a quedar inconsciente y por unos momentos quedaría atrapado en esa zona intermedia vigilia-sueño REM. En esa zona frontera tendríamos esas sensaciones que luego recordaríamos al volver a la normalidad.

La imagen más repetida en una ECM es el túnel con la luz al fondo. Parece que en este caso la explicación, la científica al menos, no estaría en nuestro cerebro, sino un poco más externa, en nuestros ojos. En los momentos previos a un desmayo se produce la sensación de que todo se apaga, una oscuridad invade nuestra visión hasta cubrirla por completo. La explicación es que el ojo no está recibiendo suficiente sangre y entonces su funcionamiento se va deteniendo progresivamente. Puesto que el cese de actividad se produce primero en los bordes de la retina y progresa hacia el interior, la sensación es que nuestra mirada va entrando en un túnel. La explicación para la luz al final de ese túnel tiene dos componentes: por un lado, al irse desactivando las células visuales, nuestra sensación luminosa se va reduciendo a un poco de claridad en la región central, como si fuésemos cerrando el diafragma de una cámara fotográfica. Por otro, la entrada en sueño REM supone una fuerte activación del sistema visual (REM significa «*rapid eye movements*», movimientos oculares rápidos) lo que también genera la sensación de luz.

Los científicos también han conseguido una explicación para la sensación de flotar, de abandonar el cuerpo, de levitar, de tener una experiencia extracorpórea. Sería debida a la inactivación de la corteza temporoparietal. Esta zona cerebral interviene en establecer la situación de nuestro cuerpo en el espacio por lo que nuestras referencias se distorsionarían inmediatamente si esta región cerebral está inactiva. Olaf Blanke, un investigador de la Escuela Politécnica Federal de Lausanne (Suiza), en un experimento con electrodos pudo activar y desactivar esta región cerebral en una paciente, haciéndola sentir que abandonaba el cuerpo y luego, al reactivar la zona, que volvía a él, una y otra vez, como si pulsáramos el interruptor de la luz. Este grupo fue capaz de crear, utilizando realidad virtual, una imagen de un voluntario delante de su propio cuerpo. Los sujetos del experimento se equivocaban en su localización sintiendo que ellos mismos estaban fuera de los límites de su propio cuerpo. Estos resultados indicaban que la consciencia de uno mismo podía alterarse y estudiarse en el laboratorio.

El estado sueño REM inactiva la región temporoparietal, por eso en nuestros sueños volamos con tanta facilidad, por lo que en ese nivel intermedio vigilia-sueño REM sería comprensible experimentar una sensación extracorpórea, una mezcla de estar en la cama o en la mesa de operaciones y volando al mismo tiempo. Estas sensaciones de levitar son muy comunes en los sueños lúcidos, en la narcolepsia, en los desmayos y en las parálisis en el sueño — una ocasional sensación de parálisis en el momento de despertar—, todos ellos estados «frontera» en el nivel de consciencia.

En el Evangelio de San Juan se cuenta la resurrección de Lázaro. No sería una ECM porque según dice el evangelista, Lázaro lleva cuatro días muerto y su cadáver ha iniciado su descomposición. Siendo uno de los pasajes más impactantes del Nuevo Testamento; tiene aún más belleza, para mí, el versículo 11:35 cuando Jesús habiendo preguntado a María, su hermana, «¿dónde lo habéis puesto?», ella le dice «Señor, ven y ve». Y entonces el evangelista nos cuenta: «Jesús lloró.»

📖 PARA LEER MÁS:

- Bass, S.L. (1988) Connecticut Q & A: Kenneth Ring; 'You Never Recover Your Original Self'. New York Times 28 de agosto de 1988. http://www.nytimes.com/1988/08/28/nyregion/connecticut-q-a-kenneth-ring-you-never-recover-your-original-self.html?src=pm
- Gefter, A. (2010-2011) The light in the tunnel. New Scientist 2792/93: 80-81.
- Lenggenhager, B.; T. Tadi, T. Metzinger y O. Blanke (2007) Video Ergo Sum: Manipulating Bodily Self-Consciousness. Science 317(5841): 1096-1099.

- Nelson, K. (2010) The Spiritual Doorway in the Brain: A Neurologist's Search for the God Experience. Dutton, Nueva York.

Los trasplantes de cerebro del Dr. Frankenstein

El año de 1816 no tuvo verano. La explosión del volcán Tambora en Indonesia, un año antes, el mayor cataclismo geológico de los últimos 1.500 años en el planeta Tierra, oscureció los cielos, bajó la temperatura en el Hemisferio Norte, hizo que se perdieran cosechas y que muriesen muchas cabezas de ganado, causando la mayor hambruna del siglo XIX en Europa.

Para Mary Wollstonecraft Godwin y el escritor Percy Bysshe Shelley, aquel fue un verano especial. Ellos tenían una relación tormentosa ya que Shelley estaba casado, Mary solo tenía dieciocho años, acababa de perder una niña prematura de Shelley, lo que le había hecho caer en una depresión y habían pasado por serias dificultades económicas. Sin embargo, mucho de eso quedó atrás aquel verano. En esas circunstancias tan especiales, ambos deciden salir de Inglaterra y visitar a su amigo George Gordon Byron, Lord Byron, que está en Villa Deodati en Suiza. Fue un encuentro feliz que no pudo arruinar el mal tiempo del «año sin verano». Se encontraron en Ginebra, Mary, Percy, Lord Byron y su médico John William Polidori. Sin poder salir por aquel tiempo áspero, por la tarde se sentaban alrededor de la chi-

Richard Rothwell retrató a la inmortal Mary Shelley,
la obra fue exhibida en la Royal Academy, en el año 1840.

menea y leían cuentos de terror y comentaban sus lecturas y las demostraciones científicas a las que habían asistido en los últimos tiempos. Uno de los temas era el galvanismo y su relación con el fluido vital y la resucitación de los muertos. También salió en aquellas conversaciones el mito de Prometeo, influenciados quizá por la escritura del propio Byron ya que ese mismo año de 1816 terminó «*Prometheus*», uno de sus poemas más famosos.

Mary recordaba así el encuentro de los cuatro amigos:

> *«En el verano de 1816 visitamos Suiza y fuimos vecinos de Lord Byron. Al principio pasábamos el tiempo*

en el lago, o vagando por la orilla. (...) Pero el verano resultó húmedo e inclemente, y la incesante lluvia nos confinó en casa, a menudo durante días. En nuestras manos cayeron algunos volúmenes de relatos de fantasmas traducidos del alemán al francés.

Entonces, Lord Byron dijo «vamos a escribir cada uno un relato de fantasmas»; y aceptamos su propuesta. (...) Yo también me dediqué a «pensar una historia». Una historia que hablase a los miedos misteriosos de nuestra naturaleza y despertase un horror estremecedor; una historia que hiciese mirar en torno suyo al lector amedrentado, le helase la sangre y le acelerase los latidos del corazón. Si no lograba estas cosas, mi historia de fantasmas no sería digna de su nombre. Pensaba y reflexionaba, todo en vano. Sentía la incapacidad de la invención que es la mayor miseria de un autor cuando Nada responde a nuestras ansiosas invocaciones. Cada mañana me preguntaban ¿Has pensado una historia? Y cada mañana me veía forzada a contestar con una negativa mortificante.

Muchas y largas fueron las conversaciones entre Lord Byron y Shelley, de las que fui oyente fervorosa, aunque casi muda. En el curso de una de ellas discutieron diversas doctrinas filosóficas, entre otras la naturaleza del principio vital, y la posibilidad de que se llegase a descubrir tal principio y conferirlo a la materia inerte. Hablaron de los experimentos del Dr. Darwin [Mary no se refiere a Charles Darwin, que entonces tenía siete años, sino a su abuelo, el famoso

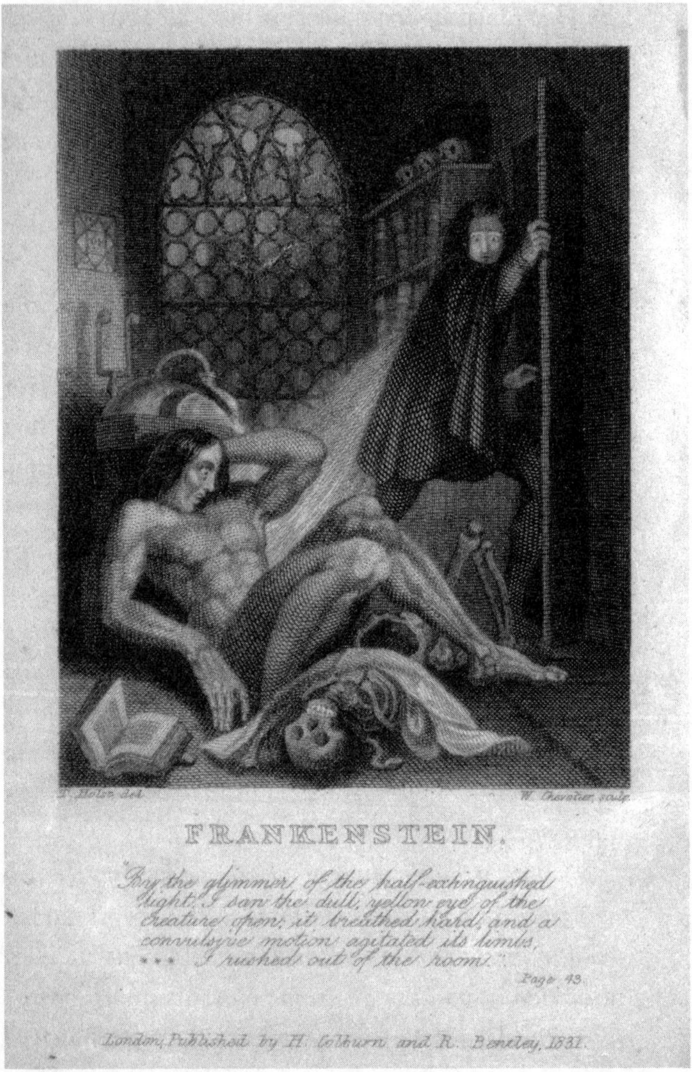

Frontis de la obra *Frankenstein o el moderno Prometeo* (*Frankenstein; or, The Modern Prometheus*)que fue publicada por primera vez por Lackington, Hughes, Harding, Mavor & Jones, Gradifco, en 1818; casi doscientos años después, nos sigue sobrecogiendo.

biólogo Erasmus Darwin] *Quizá podía reanimarse un cadáver; el galvanismo había dado pruebas de tales cosas; quizá podían fabricarse las partes componentes de una criatura, ensamblarlas y dotarlas de calor vital. (…)*

Cuando apoyé la cabeza sobre la almohada, no me dormí. Mi imaginación, espontáneamente, me poseía y me guiaba, dotando a las sucesivas imágenes que surgían en mi mente de una viveza muy superior a los habituales límites de la ensoñación. Vi al pálido estudiante de artes impías, de rodillas junto al ser que había amasado. (...) Debía ser espantoso; pues supremamente espantoso sería el resultado de todo esfuerzo humano por imitar el prodigioso mecanismo del Creador del mundo. El éxito aterraría al propio artista; huiría horrorizado de su odiosa obra. Confiaría en que, abandonada a sí misma, se apagaría la leve chispa de la vida que había infundido; y así pudo dormir. (...) El estudiante está dormido, pero se despierta; abre los ojos; mira, y descubre al horrible ser junto a la cama. (...)

«¡La encontré! Lo que me ha aterrado a mí aterrará a los demás; sólo necesito describir el espectro que ha visitado mi almohada a medianoche.» A la mañana siguiente anuncié que «había pensado una historia.»

Años más tarde, Polidori escribió un libro, «El vampiro», basado en una idea de Byron, y donde el protagonista era Augustus Darvell, un aristócrata sediento de sangre que se parecía demasiado a Byron. Es también la primera vez que ese personaje, el hombre bebedor de sangre, pasa a formar parte de la literatura. Del cuento de Mary Shelley salió uno de los principales libros de ciencia ficción y de terror gótico de la historia *Frankenstein o el moderno Prometeo*. En uno de esos giros hermosos de la Historia, el nombre «moderno Prometeo» fue acuñado por Inmanuel Kant para referirse a Benjamin Franklin y sus experimentos con la electricidad.

El nombre «Frankenstein» se asocia erróneamente a la «criatura», al monstruo, mientras que en la novela, el Dr. Frankenstein es realmente el médico, el constructor de ese ser. Frankenstein se ha convertido en el prototipo del científico peligroso, del aprendiz de brujo que pone en riesgo a los demás, del uso oscuro de la Ciencia. Los alimentos modificados genéticamente se denominan en Estados Unidos, *frankenfoods*.

Hay dos versiones sobre el mito de Prometeo. Una versión más popular en Grecia por el trabajo de Esquilo *Prometeo encadenado* indicaba que Prometeo robó el fuego del sol a los dioses (*Prometheus pyrophorus*) y se lo dio a los hombres, sufriendo el castigo de Zeus. Zeus le encadenó a una roca, en el Cáucaso y, cada noche, Prometeo era visitado por un águila que le comía el hígado. Durante el día, en un símbolo de la regeneración tisular, el hígado volvía a crecer hasta recuperar su estado normal. La famosa estatua del Rockefeller Center, junto a la pista de patinaje, representa a Prometeo y detrás está la siguiente inscripción de Esquilo «*Prometeo, maestro en todas las Artes, trajo a los mortales un fuego que ha sido una valiosa herramienta para fines poderosos.*» La segunda versión era más popular en Roma donde se le conocía como *Prometheus plasticator*: el héroe era aquí un artista que había sido capaz de retar a los dioses, quitándoles también la exclusividad de una de sus prerrogativas más importantes: había dado vida a una estatua hecha de arcilla, de barro.

Victor Frankenstein era el moderno Prometeo. El capítulo V de la obra empieza así:

> «*Una lúgubre noche de noviembre vi coronados mis esfuerzos. Con una ansiedad casi rayana en la agonía, reuní a mi alrededor los instrumentos capaces de infundir la chispa vital al ser inerte que yacía ante mí. Era ya la una de la madrugada, la lluvia golpeteaba triste contra los cristales, y la vela estaba a punto de consumirse, cuando, al parpadeo de la vela medio extinguida, vi abrirse los ojos apagados y amarillentos de la criatura; respiró con dificultad y un movimiento convulso agitó sus miembros.*»

Según el mismo pronuncia en la novela: «*Tuve éxito en descubrir la causa de la generación y la vida; no, más, me convertí en alguien capaz de conferir animación a la materia sin vida.*»

Pero puesto que estamos hablando de Neurociencia, quizá es bueno recordar que en la película *Frankenstein* de 1931 dirigida por James Whale y rodada por Universal Pictures (el mismo año y el mismo estudio cinematográfico que rueda *Drácula* y que con estas dos películas de terror resurge de sus cenizas económicas) se habla en detalle del cerebro de la criatura. El Dr. Frankenstein solo necesita un cerebro para completar su obra. Manda a su asistente Fritz a robar uno a su

Frankenstein (1931) de James Whale. En esta escena Boris Karloff (1887, London - † 1969, Sussex) como el monstruo y Marilyn Harris (1924, California - † 1999, Los Angeles) como la pequeña María.

antigua Facultad de Medicina, en la Universidad de Ingolstadt. Fritz ve que los estudiantes están haciendo una disección del cadáver de un psicópata «*cuya vida fue brutalidad, violencia y asesinato.*» El profesor explica a los estudiantes las características degeneradas del cerebro criminal, identificable por «*la escasez de circunvoluciones en el lóbulo frontal y la degeneración distintiva de lóbulo frontal medial.*» Cuando la clase concluye, Fritz se cuela en el aula y encuentra dos recipientes con cerebros uno está marcado como «*cerebro normal*» y es el que agarra pero cuando sale, un ruido le asusta y el frasco con el cerebro cae al suelo, haciéndose añicos. Para no enfadar al Dr. Frankenstein, Fritz desesperado vuelve a la sala, agarra la otra jarra que está marcada como «*Dysfunctio Cerebri -Cerebro anormal*» y sale huyendo con él. Las piezas de la tragedia van encajando entre sí: la «Criatura» tendrá los peores instintos, el pecado original de un cerebro malvado. Esta película lanzaría a la fama a un actor desconocido llamado Boris Karloff y tendría decenas de secuelas. La escena más famosa y poética es aquella en la que la Criatura juega con Mary, una niña con la que ha hecho amistad y lanzan juntos flores al río. A continuación, tira la niña al agua, donde se ahoga. El director, mucho más artista que la mayoría de los actuales, lo deja a nuestra imaginación con solo la imagen en la pantalla de las ondas en el agua. Es un plano de una mezcla trágica de crueldad y ternura.

Frankenstein desafía a los dioses, creando vida. Igual que en el mito original, Víctor es castigado, pero no directamente, sino a través de la criatura, el monstruo que ha traído al mundo. La criatura, por otro lado, lleva una vida que no es tal y como él dice en la novela: «*Soy malo porque soy desdichado*», y termina volviéndose contra su autor: «*¡Despiadado creador! Me has dado sentimientos y pasiones, pero me has abandonado al desprecio y al asco de la Humanidad.*» Su nuevo cerebro funciona pero se revuelve contra la maldad que anida en él y el odio que genera en los hombres.

La idea del trasplante cerebral no era nueva. En el siglo XVI, Ambroise Paré, el médico francés que inició una carrera de éxito sin una formación universitaria y sin conocer latín, se había ganado una gran reputación por el desarrollo de prótesis y por un tratado sobre heridas de arma de fuego, la novedad en ese mundo en continuas guerras. Paré utilizaba unos medicamentos especiales. De hecho, su obra menciona una medicina preparada cociendo cachorritos recién nacidos en aceite de lirio y después mezclándolos con lombrices preparadas en trementina de Venecia. Uno de los casos más interesantes trata de un hombre que pide que le hagan un trasplante cerebral:

> «*Un caballero que por lo demás se encontraba bien, tenía la idea de que su cerebro estaba podrido. Fue al Rey, rogándole que ordenase al Sr. Le Grand, médico, al Sr. Pigray, cirujano de Su Majestad y a mí mismo que abriéramos su cabeza, extrajéramos su cerebro enfermo y lo reemplazáramos con otro.*»

No sabemos si se llegó a hacer algún intento. Paré escribió «*Le hicimos muchas cosas, pero fue imposible para nosotros restaurar su cerebro.*»

Desgraciadamente, en los siglos que han pasado desde Paré no hemos avanzado tanto sobre los trasplantes cerebrales. Ahora sabemos más sobre el cerebro dañado. Conocemos regiones encefálicas con patologías serias, gravemente afectadas o de la presencia de tumores cerebrales inoperables. Sabemos de enfermedades neurodegenerativas como la de Alzheimer que antes de terminar la vida de una persona le habrán robado sus tesoros más preciosos: su memoria, el reconocimiento de los seres queridos, su personalidad, la esencia más íntima de su ser. Pero el trasplante cerebral suena más a locura que cuando Paré escribía sobre ello. Actualmente somos capaces de llevar células madres sanas a un cerebro enfermo, pero no somos capaces de reconectarlas correctamente ni mucho menos de recuperar un número importante de neuronas perdidas o restaurar una región dañada del encéfalo. El trasplante cerebral sería probablemente la tarea más difícil, probablemente imposible, que se le pueda plantear a la Ciencia y, quizá seguirá así, por miles de años. Elucubrando es posible que fuese más fácil trasplantar una cabeza entera con la columna vertebral e intentar reconectar órganos y extremidades. Aún así, suena a ciencia-ficción, a pesadilla, a historia de terror, como aquella que imaginó en un verano suizo, lluvioso y frío una jovencita llamada Mary Shelley.

PARA LEER MÁS:

- Finger, S. (1994) Treatments and therapies: from Antiquity through the Seventeenth Century. En: *Origin of Neuroscience*. Oxford University Press, Nueva York. p. 423.
- Shelley, M.W. (1981) *Frankenstein o el moderno Prometeo*. Alianza Editorial, Madrid.

El sexo del cerebro

En el verano de 1991, Simon LeVay trabajaba en el Instituto Salk de Estudios Biológicos, un edificio de hormigón abierto al océano Pacífico, considerado una de las joyas de la arquitectura norteamericana y una de las locomotoras más potentes de la investigación biomédica en el mundo. El *Salk,* fundado por el principal promotor de la vacuna contra la polio, tenía entre sus paredes a algunos de los investigadores más trabajadores, inteligentes y creativos del mundo. Cinco investigadores formados en él han ganado el premio Nobel. Cuatro de los investigadores que están actualmente en el *Salk* y otros tres miembros no residentes también han ganado el Nobel.

Pero ese verano, la investigación de LeVay resonó mucho más allá de los muros abiertos del Instituto y más allá también de los espacios académicos. LeVay, que hasta entonces había trabajado fundamentalmente en la corteza visual de gatos donde era un investigador reputado, publicó un estudio sobre un núcleo cerebral titulado «*A difference in hypothalamic structure between heterosexual and homosexual men*» (Una diferencia en la estructura hipotalámica entre hombres heterosexuales y homosexuales). Lo hizo en *Science,* quizá la revista científica más prestigiosa del mundo, y analizaba los cerebros de 19 hombres gays (que habían muerto de SIDA), 16 hombres heterosexuales (de los cuáles 6 habían muerto de de SIDA) y seis mujeres de orientación sexual desconocida.

Este artículo señalaba que una pequeña área cerebral, el tercer núcleo intersticial del hipotálamo anterior (INAH3), tenía diferente tamaño en ambos sexos y dentro de los hombres, según la preferencia sexual. El INAH3 era 2,5 veces más grande en los hombres heterosexuales que en los homosexuales, y en estos últimos era similar al tamaño que se observaba en mujeres. Fue un bombazo: una zona del cerebro dimórfica sexualmente (entre hombres y mujeres) y dimórfica según la orientación sexual (entre hombres heterosexuales y homosexuales).

La elección del INAH3 no era casual. El INAH3 es considerado responsable del comportamiento sexual masculino típico. Contiene más células sensibles a los andrógenos (hormonas masculinas) que cualquier otra parte del cerebro. LeVay escribió que «*Este resultado indica que el INAH3 es dimórfico en relación con la orientación sexual, al menos en el hombre y sugiere que la orientación sexual tiene un sustrato biológico*». La muestra tenía también excepciones (hombres supuestamente heterosexuales con núcleos INAH3 pequeños y hombres homosexuales con núcleos grandes), pero eso es normal en casi cualquier estudio sobre el cerebro humano. No es lo mismo trabajar con un grupo de roedores de la misma edad, el mismo peso y que han vivido siempre en las condiciones estables de un animalario que una población de sujetos humanos donde la variabilidad es mucho más alta.

Se han encontrado otras zonas cerebrales que son dimórficas, que son distintas en hombres y en mujeres. El cuerpo calloso y la comisura anterior, las cintas de axones a través del cual se comunican los dos hemisferios cerebrales son comparativamente más grandes en mujeres que en hombres. Podría explicar por qué las mujeres son más conscientes de sus emociones y las ajenas que los hombres, y quizá ser el sustrato de eso que llamamos intuición femenina. LeVay también comprobó que el cuerpo calloso era más grande en los hombres homosexuales que en los heterosexuales, en paralelo con su mayor tamaño relativo en el cerebro femenino.

Hay diferencias sexuales también con la edad. Los hombres pierden tejido cerebral durante el envejecimiento antes que las mujeres y pierden más neuronas en términos absolutos. En los hombres, la pérdida está localizada en los lóbulos frontales y temporales, áreas que tienen que ver con el pensamiento y los sentimientos. La pérdida de neuronas en estas regiones produciría irritabilidad y cambios de personalidad. Parece que los hombres tendemos, con los años, a convertirnos en viejos gruñones. En las mujeres, la pérdida es más acusada en el hipocampo y las áreas parietales. Estas regiones intervienen en la memoria y las habilidades visuo-espaciales por lo que es posible que las mujeres tengan más dificultades para recordar cosas y para orientarse a medida que envejecen. Haciendo una pequeña broma, es posible que a partir de los 80 o 90 años sí conduzcan ellas peor que nosotros.

Existen también diferencias sexuales en la actividad cerebral. Las mujeres, en actividades mentales complejas, tienden a hacer uso de los dos hemisferios cerebrales mientras que los hombres usan solo el más adecuado para esta tarea determinada. Se piensa que las mujeres tendrían una mayor amplitud de visión, considerarían más aspectos de un problema al tomar una decisión mientras que los hombres matizarían menos y tomarían con más facilidad y convicción decisiones complejas, aunque quizá equivocadas. Se ha visto que hombres y mujeres se comportaban de forma diferente (comprobado estadísticamente) en actividades cognitivas como las estrategias de navegación, las habilidades visuoespaciales, la fluidez verbal, el razonamiento matemático y algunos aspectos de la personalidad como la agresividad, la competitividad, la autoestima, la tendencia a asumir riesgos, el neuroticismo, la sensibilidad emocional, la capacidad para llegar a acuerdos, el sentido moral, el interés en el sexo esporádico o en la pornografía y los celos. Es divertido en esta lista no indicar en cuáles destacan los hombres y en cuáles las mujeres aunque me temo que algunas son fáciles de adivinar.

El trabajo de LeVay fue muy criticado. Muchas de las críticas eran sobre el material empleado, los cerebros estudiados. Los de hombres homosexuales procedían de personas que habían muerto de SIDA, eran hombres jóvenes que habían sufrido una infección viral devastadora que afecta también al cerebro y, en concreto, al hipotálamo. Es posible, se dijo, que el INAH3 esté afectado no por la tendencia sexual sino por la infección viral. En cuanto a los cerebros para los controles, los de hombres heterosexuales, no se podía estar seguro de que esa fuera su verdadera orientación sexual y no tuvieran una homosexualidad oculta. Solo una parte de ellos habían sufrido SIDA antes de fallecer. El número de casos estudiados era bajo para su variabilidad pero es que no es nada fácil conseguir cerebros humanos para estudios neurobiológicos. Tomado todo en cuenta, LeVay hizo un trabajo serio y respetable. No ha habido muchos más estudios sobre la codificación de la preferencia sexual en el cerebro, pero quizá no está de más recordar que en esos años tuvieron lugar dos mandatos del presidente Bush hijo y el tema no era muy popular para conseguir financiación o para desarrollar una carrera científica.

El año 2008, Ivanka Savic y Peter Lindström del Instituto Karolinska de Estocolmo encontraron similitudes en los escáneres de cerebros de hombres y mujeres homosexuales y heterosexuales. Estructuras claves del cerebro involucradas en procesos como la ansiedad, la agresividad, el estado de ánimo o las emociones eran similares entre personas homosexuales (de uno u otro sexo) y los heterosexuales del sexo opuesto. En un estudio publicado en los Proceedings of the National Academy of Sciences, encontraron que los cerebros de hombres hetero y mujeres homosexuales eran asimétricos, con un hemisferio derecho ligeramente mayor. En contraste, las mujeres heterosexuales y los hombres homosexuales tenían cerebros más simétricos. En segundo lugar, siguieron con PET las conexiones de la amígdala, un centro cerebral implicado en los aspectos emocionales. Los sistemas de conectividad de la amígdala eran similares en hombres gay y mujeres heterosexuales. Savic y Lindström plantearon que esto puede estar relacionado con la mayor respuesta emocional de estos dos grupos de personas y también con la mayor frecuencia de depresión y trastornos del ánimo en ambos grupos. Esta frecuencia es el triple en las mujeres que en los hombres y también es mayor en los hombres homosexuales que en los heterosexuales, aunque no está claro si es debido a diferencias biológicas o a aspectos culturales o sociales, como puede ser el estar afectados por la homofobia. En los hombres heterosexuales y mujeres lesbianas, la amígdala estaría mejor conectada con zonas de la corteza sensoriomotora y el estriado, lo que tendría que ver no tanto con los aspectos emocionales sino más bien con una respuesta del tipo «lucha o huída», un comportamiento que se consideraba típicamente masculino.

La teoría de LeVay es que la orientación sexual es un aspecto de los factores de género que emerge de la diferenciación sexual prenatal del cerebro. Un ambiente complejo, el del útero, donde actuarían genes, hormonas sexuales y factores ambientales como el estrés. Todas estas interacciones que afectan al desarrollo de los fetos influirían sobre la orientación sexual adulta. En las crías de una rata se ha comprobado distinto comportamiento (agresividad, conducta sexual ...) en función de si cuando era un feto estaba rodeado por ningún (0 M), uno (1 M) o dos (2M) fetos masculinos. El ambiente intrauterino, las hormonas producidas por los fetos de alrededor, afectaría a la posterior «personalidad» de ese animal. En la especie humana, la mayoría de los partos son únicos, pero es una prueba de la influencia sobre la orientación sexual del período de gestación. La idea de LeVay es que ser gay o hetero no estaría marcado en el momento de la concepción (no sería un factor genético) pero sí que estaría decidido en el momento del nacimiento.

Entre los factores que se ha visto que tienen un impacto en la futura orientación homosexual de un hombre (muchos de estos estudios son mucho menos claros para las lesbianas que para los gays) es tener un hermano mayor. Cada hermano mayor incrementa la probabilidad de que un varón nacido posteriormente sea gay en un 33%. Traduciendo a probabilidades absolutas: si los gays son el 2,5% de la población masculina, un chico con un hermano mayor tendrá un 3,3% de probabilidades de ser homosexual cuando crezca, y un chico con dos hermanos mayores, un 4,2% de probabilidad. Se han excluido algunas hipótesis para explicar este efecto: no tiene que ver con la edad de la madre y tampoco con la presencia del hermano mayor o no en el domicilio durante la infancia del hermano pequeño. Se piensa que es algo que tiene lugar antes del nacimiento ya que los varones gays con hermanos mayores pesan menos al nacer que los varones heterosexuales con el mismo número de hermanos mayores. La idea con la que se trabaja es que el organismo de la madre, durante el primer embarazo genera anticuerpos contra alguna proteína del feto masculino. Durante un segundo embarazo de varón, esos anticuerpos bloquearían esa proteína, cuya falta afectaría al desarrollo de la orientación sexual en ese cerebro fetal.

Pero la influencia no termina ahí. El cerebro sigue siendo flexible después del nacimiento. Los genes, las hormonas, los aspectos ambientales incluyendo el aprendizaje y las experiencias modulan nuestro cerebro. El planteamiento anterior que era considerar que los factores genéticos marcaban al organismo hasta la concepción o el nacimiento y que a partir de ahí actuaba el ambiente no puede ser más falso. Genes y ambiente interactúan en los procesos prenatales y postnatales, desde el primer día hasta el último de nuestra vida.

Heino Meyer-Bahlburg, un psicólogo de la Universidad de Columbia estudia la influencia de la exposición a hormonas sexuales en el desarrollo prenatal sobre el comportamiento del adulto. Estudia pacientes con trastornos endocrinos como la hiperplasia adrenal congénita, donde el feto en el útero está sometido a concentraciones excesivas de testosterona, la hormona masculina. Según él:

> *«Las mujeres genéticas, con dos cromosomas X, expuestas a testosterona prenatalmente son muy «chicazos» de niñas. Como adultos, muestran mayores porcentajes de bisexualidad y algunas llegan a cambiar su género a hombre.»*

En el caso de la transexualidad, el núcleo cerebral clave es el núcleo de la cama de la estría terminal o BSTc. Usando resonancia magnética, Antonio Guillamón y su equipo de la UNED han visto que pueden detectar cambios en la sustancia blanca en personas de sexo genético femenino que se sienten hombres. En cuatro regiones de la sustancia blanca, encontraron diferencias entre hombre y mujer y que los transexuales de mujer a hombre se asemejaban a lo que se encontraba en los hombres. En otro estudio analizaron los cerebros de 18 transexuales de hombre a mujer encontrando que la sustancia blanca en esas cuatro regiones era intermedia entre lo que se veía en hombres y en mujeres. Un estudio de 2010 encontró que el 38% de los transexuales entrevistados (121) eran conscientes de sus problemas de género a los cinco años de edad. Las diferencias biológicas en la sustancia blanca cerebral pueden ayudar a identificar a personas que se puedan beneficiar de tratamientos para el retraso de la pubertad.

LeVay, que siempre aclara que él mismo es gay, decidió cambiar de vida, dejar parcialmente la investigación y centrarse en conseguir una mayor aceptación de la sociedad sobre la homosexualidad, explicando la influencia de la biología en la orientación sexual. Fue fundador y primer director del Instituto de Educación sobre Homosexuales y Lesbianas. A pesar de todo su trabajo en defensa de un sustrato biológico de la homosexualidad, en su último libro de 2010 declara algo importante con lo que estoy de acuerdo:

> «*También creo que hay un montón de razones por las que las personas gays deberían ser aceptadas y valoradas por la sociedad incluso si ser gay se probara que no es más que una decisión personal.*»

En los últimos tiempos hemos visto cómo el debate sobre la homosexualidad continúa en nuestras sociedades. Nuevos países aceptan el matrimonio entre personas del mismo sexo pero también vemos suicidios de adolescentes de todo el mundo tras campañas de acoso y odio por ser gays o protestas homófobas violentas en países supuestamente europeos como Serbia. A pesar de estas noticias preocupantes creo que avanzamos hacia un futuro de mayor respeto, igualdad y en una palabra que debería ser nuestro mayor orgullo, humanidad.

📖 PARA LEER MÁS:

- LeVay S. (1993) *The Sexual Brain*. MIT Press, Cambridge.
- LeVay S. (1996) *Queer Science: The Use and Abuse of Research into Homosexuality*. MIT Press, Cambridge.

- LeVay, S. (2010) *Gay, straight and the reason why: the science of sexual orientation.* Oxford University Press, Oxford.
- Savic I, Lindström P. (2008) PET and MRI show differences in cerebral asymmetry and functional connectivity between homo and heterosexual subjects. Proc Natl Acad Sci U S A.105(27): 9403-9408.

Otto Loewi (Fráncfort, Alemania, 1873 - † Nueva York, 1961). Profesor de Farmacología (1909-1938) en la Universidad de Graz; y Premio Nobel de Medicina por el descubrimiento de la transmisión química de los impulsos nerviosos en el año 1936.

Los sueños del Doctor Loewi

Dicen que los sueños son una ventana al alma pero también son, sin duda, una puerta a los mecanismos de nuestra mente. En la noche, los engranajes de nuestros pensamientos no desaparecen, se mezclan con ruedas curvas, como los relojes blandos de Dalí, se deforman, aparecen piezas nuevas y a veces, de ese caos onírico, surgen cosas que el cerebro despierto no alcanza a imaginar.

Dos grandes teorías se postulaban para explicar la transmisión neuronal, el modo en el que una neurona transmite información a la siguiente o a un músculo. Hay quien pensaba que era una transmisión eléctrica, una chispa, y quien pensaba que era una transmisión humoral, una sustancia química, una sopa. El fisiólogo alemán Emil Du Bois-Reymond lo había planteado con claridad:

> *De los procesos naturales conocidos que pudieran pasar la excitación, solo dos merecen, en mi opinión, que se hable sobre ellos. O existe en el límite de la sustancia contráctil una secreción estimuladora en la forma de una delgada capa de amoníaco, ácido láctico u otra sustancia estimulante poderosa, o el fenómeno tiene naturaleza eléctrica.*

La respuesta la daría años más tarde, otro alemán: Otto Loewi. Loewi dormía muy mal. Tenía tendencia al insomnio y a tener sueños agitados. Llevaba tiempo trabajando en intentar demostrar que la transmisión química, y no la eléctrica, era la responsable de la contracción de los músculos. Loewi estaba convencido de que estaba en lo cierto, que la transmisión neuromuscular era química y sin embargo, no conseguía demostrarlo. Los experimentos no eran limpios, o no eran finos, o eran demasiado complicados y nada concluyente podía extraerse de ellos. La noche del Sábado Santo de 1920, Loewi dormía en su casa y en medio de la noche se despertó sobresaltado: en su sueño había visto la respuesta, el experimento crucial que podría demostrar que tenía razón. Los pasos a seguir, los materiales necesarios, el diseño del experimento estaban claros en su pensamiento. Era el experimento. Loewi se incorporó en la cama, cogió un trozo de papel y escribió lo que tenía que hacer, el esquema del ensayo que pondría en marcha a la mañana siguiente en el laboratorio, y que respondería de una vez por todas a la pregunta sobre la transmisión nerviosa y zanjaría el debate. Loewi, feliz, sonriente, se volvió a dormir. Cuando se despertó de nuevo, a las seis de la mañana, pensó que tenía por delante el día más importante de su vida. Se desperezó, se sentó en la cama y fue a buscar el papel que había dejado en la mesilla. Cuando revisó la hoja, vio con angustia que era incapaz de leer su letra, no entendía nada de aquella nota escrita en medio de la noche. ¡No tenía ni idea de lo que tenía que hacer! Intentó descifrar aquellos garabatos sin éxito y pasó todo el día, el más largo de su vida según contó años más tarde, dando vueltas a qué podía ser, qué es lo que había soñado o pensado en medio de sus sueños, intentado buscar una respuesta. Loewi terminó el día sin poder acordarse y, exhausto, se fue a la cama. Para su sorpresa, a las tres de la mañana volvió a despertarse teniendo nuevamente en su mente el experimento buscado, igual de claro que en el sueño de la noche anterior. Esta vez no corrió riesgos, saltó de la cama, cogió su ropa, se vistió y salió corriendo para el laboratorio, en medio de la oscuridad. A las cinco de la mañana, menos de dos horas después, el experimento crucial sobre la transmisión química estaba terminado, uno de los grandes debates sobre el funcionamiento del cerebro estaba zanjado, la respuesta era contundente y Otto Loewi ganaría el premio Nobel, dieciséis años más tarde, por esos resultados.

Los antiguos egipcios pensaban que el médico más famoso de su historia, Imhotep, llegaba a través de los sueños y ayudaba al médico o al enfermo que buscaba una respuesta, una cura, una solución. Loewi recordaba en sus conferencias la importancia de ese sueño y comentaba cómo no había sido solo él el único que descubrió algo en un sueño; también el químico orgánico Friedrich August Kekulé, que se dio cuenta que la estructura del benceno debía ser un anillo, tras soñar con una serpiente que se mordía la cola. Anatole France decía que para conseguir grandes cosas, debemos soñar y actuar. Soñar y actuar. Como Otto Loewi.

Otto Loewi había nacido en Fráncfort Main y era hijo de una familia judía pudiente, su padre era un comerciante acomodado, tuvo una infancia feliz y asistió a un Instituto donde descolló en las Humanidades. Tras terminar su bachillerato, Loewi quería dedicarse a la Historia del Arte. Su familia se enfadó por su poco sentido práctico y le animó y presionó para que estudiara Medicina. Loewi se matriculó en la Universidad de Estrasburgo, entonces bajo control alemán. También estudia un corto tiempo en Múnich, y aunque tiene excelentes profesores en las asignaturas médicas, se escapa de las clases para asistir a conferencias sobre filosofía, arquitectura o cualquier expresión artística. Solo cuando llega el Physikum, el primer examen importante, se pone a estudiar, y aprueba por los pelos. Tras terminar sus estudios y por alguna razón que él no sabía explicar, decidió hacer su tesis en Farmacología, un área en la que prácticamente no tenía experiencia ni conocimientos especializados. Su proyecto era medir los efectos de distintos fármacos en el corazón, utilizando ranas como sujeto experimental, como animal de laboratorio. La preparación del corazón de rana aislado fue la que usó a lo largo de toda su carrera. Su tesis fue bien valorada

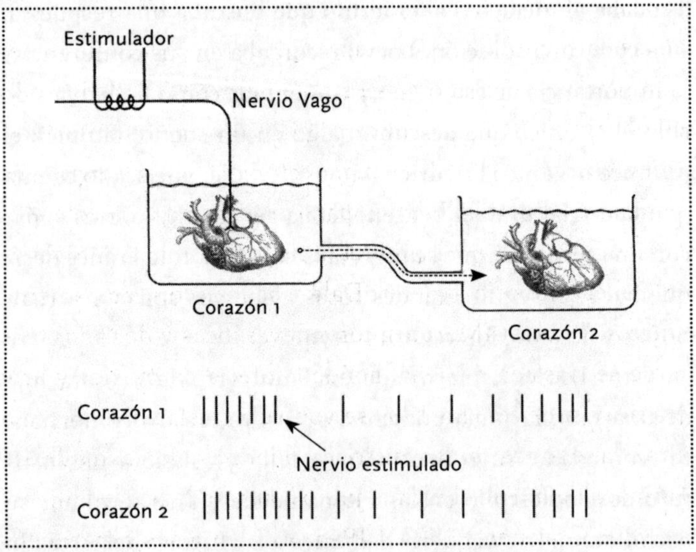

Esquema del experimento de Otto Loewi.

por el tribunal y Loewi decidió, siempre enamorado del Arte, premiarse con un viaje a Italia. Además de visitar sus amados museos y ruinas, Loewi no podía retrasar más su elección: si se dedicaría a la vida académica y la investigación o se pondría a trabajar en la clínica, buscando una plaza en un hospital. El viaje a Italia era una buena ocasión para meditar sobre su futuro y cuando volvió a Alemania había tomado su decisión: se pondría a trabajar en un hospital. Loewi volvió a Fráncfort donde consiguió una plaza en el Hospital Municipal. Sin embargo, poco después de iniciar aquella carrera clínica decide que aquello no es lo suyo, ve morir sin tratamiento posible cientos de personas con tuberculosis o neumonía. La depresión que le causaba perder vidas minaba su alegría de vivir. Afortunadamente había una vacante de asistente de Farmacología en Marburg. Loewi echa los papeles y consigue aquella modesta plaza. Al mismo tiempo, se da cuenta que el liderazgo en la investigación biomédica ya no está en Alemania sino en el Reino Unido, por lo que organiza una visita a los principales centros británicos. Fiel a sí mismo, camino de Inglaterra se detiene durante una semana en los Países Bajos para disfrutar de las colecciones de pintura de los museos holandeses. En el University College conoció a Henry Dale y se hicieron rápidamente amigos. Vuelve a Marburg con nuevas ideas y dos años más tarde se traslada a Viena, donde la oferta de música y arte era muy superior. En 1909 se vuelve a trasladar, esta vez a Graz, la segunda ciudad austriaca, donde asume la cátedra de Farmacología. Fue el último judío contratado por la Universidad de Graz entre 1903 y 1945. Allí haría sus experimentos sobre la sinapsis.

El experimento definitivo de Loewi tenía un diseño muy sencillo. Cogió dos ranas, su animal de experimentación durante toda la vida, y les extrajo el corazón. En un caso dejó unido el nervio vago y en el otro, no. Bañado en una solución de sales en concentración adecuada, el corazón sigue latiendo unos cuantos minutos. A través del nervio vago, estimuló ese primer corazón, que empezó a latir más despacio. En el momento de mayor descenso de la frecuencia del latido, cogió el líquido que bañaba ese corazón con una pipeta y lo echó encima del otro. Si la transmisión era humoral, química, el mensajero estaría en esa solución; si la transmisión era eléctrica, traspasar un poco de la solución de sales al otro corazón, no causaría ningún cambio. Para su felicidad, el latido del segundo corazón empezó a ralentizarse de forma inmediata. Probó a continuación con solución de un corazón al que no se había estimulado y no pasó nada. Loewi dedujo que una sustancia química liberada por las terminaciones nerviosas del vago (de hecho, la llamó Vagusstoff, la sustancia del vago, aunque ahora la llamamos acetilcolina) y que se disolvía en la solución salina era la responsable de la inhibición. Loewi repitió los experimentos para comprobar si los nervios del sistema nervioso simpático, que aceleraban el latido cardiaco, funcionaban igual.

En palabras de Loewi: «*No me queda, en mi mente, otra posibilidad de imaginar cómo la estimulación de un nervio puede inhibir un órgano que no sea por medios humorales. En otras palabras, el mecanismo humoral es el único mecanismo concebible de inhibición periférica.*»

El premio Nobel fue concedido en 1936 a aquellos dos viejos amigos, Otto Loewi y Henry Dale «*por sus descubri-*

mientos sobre la transmisión química de los impulsos nerviosos». Loewi, siempre un enamorado de las artes, comentó que se había emocionado en dos momentos de la ceremonia en Estocolmo. Uno, cuando las trompetas empezaron a sonar para anunciar la entrada al estrado de los premiados y toda la audiencia, incluido el viejo rey Gustavo de Suecia, de 84 años, se puso en pie para homenajearlos. El segundo cuando en el momento en que Dale y él se acercaban a recoger sus premios, la orquesta empezó a tocar la apertura Egmont, un canto a la libertad y al fin de la opresión. La letra de Goethe, la música de Beethoven, dos alemanes, para recordar al noble flamenco que se opuso a la Inquisición y que a pesar de su lealtad al rey Felipe II, fue detenido, encarcelado y ajusticiado. Un mensaje quizá a un judío alemán que ya no era ciudadano en su propia patria.

El 12 de marzo de 1938, el ejército nazi entra en Austria entre los vítores de la gente. Es el *Anschluss* o anexión, la unión entre Alemania y Austria. A las tres de la mañana, un pelotón de tropas de asalto despierta a Loewi y le lleva a la cárcel municipal. Al final del día, él, dos de sus hijos y cientos de otros hombres judíos están encarcelados. Los guardias no dejan a sus prisioneros leer ni escribir y Loewi está obsesionado con que le asesinen antes de que pueda publicar los resultados de sus últimos experimentos. Uno de los guardas, en uno de esos rastros de humanidad que hay hasta en las puertas del infierno, le da a escondidas una postal y un lápiz. Loewi no pide ayuda, ni se despide de la familia, sino que escribe a una revista científica comunicando brevemente sus últimos resultados. Cuando Loewi es liberado dos meses más tarde, ha perdido 45 kilos. Las autoridades alemanas le

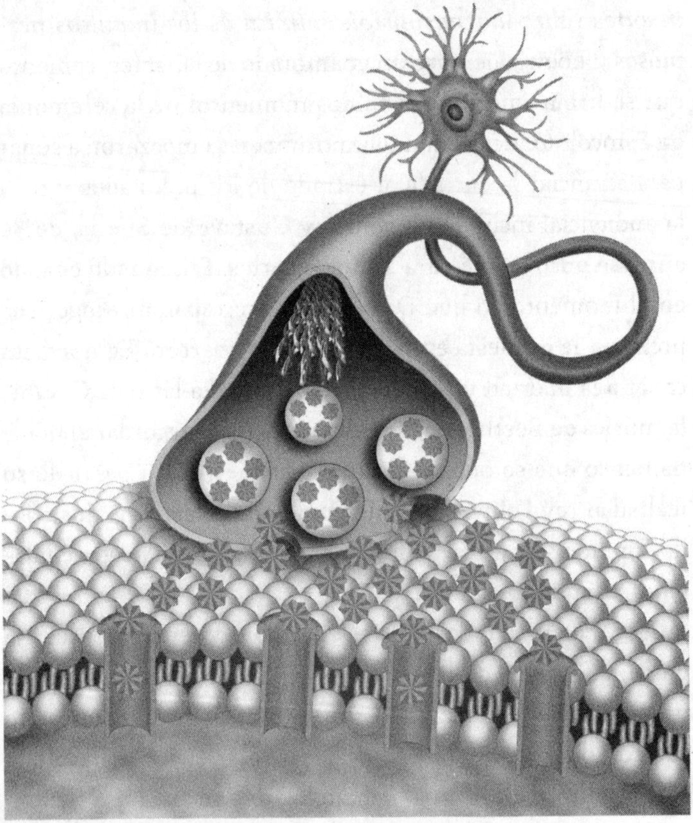

Esquema de una sinapsis química o humoral —como la que defendía Otto Loewi— en este caso de tipo colinérgico —mediada por un neurotransmisor llamado Acetilcolina—. El impulso nervioso desencadena la liberación de neurotransmisores, un veloz proceso de secreción celular: en el terminal nervioso presináptico, las vesículas que contienen los neurotransmisores permanecen ancladas junto a la membrana sináptica. Al llegar el impulso nervioso se produce una entrada de iones calcio que inician una cascada de reacciones que terminan haciendo que las membranas vesiculares se fusionen con la membrana presináptica, liberando su contenido a la hendidura sináptica. Los receptores del lado opuesto se unen a los neurotransmisores y fuerzan la apertura de los canales iónicos cercanos de la membrana postsináptica, haciendo que los iones fluyan. El resultado puede ser excitatorio o inhibitorio, según el caso.

autorizan a abandonar el país si entrega el dinero del premio Nobel y todos sus bienes. Los nazis estaban enfrentados con el comité Nobel pues había premiado al pacifista alemán Joseph von Ossietzky, quien moriría en la cárcel sin recuperar la libertad.

Loewi sabe que no tiene opción, entrega todo y embarca camino de Inglaterra. Allí recibe una oferta de la Universidad de Nueva York y decide aceptarla. Sin embargo, su ordalía no ha terminado. El oficial del consulado le pide que demuestre que es profesor, para estar seguro que puede ser contratado por la universidad. Él muestra la carta donde le expulsan de la Universidad de Graz pero el burócrata le dice que eso no prueba que haya enseñado y que pueda obtener un trabajo y un salario. Loewi pide que llamen a Henry Dale, en ese momento presidente de la Royal Society y le contestan que no pueden molestar a Sir Henry por culpa de un desconocido. Finalmente, Loewi ruega al funcionario que abra la copia que tiene allí del *Who's Who*, (Quien es quién) y busque su nombre. El empleado lee asombrado la densa biografía de Loewi y le dice que ahora sí puede aprobar su solicitud. Tras recibir los papeles sellados, Loewi, manteniendo siempre su sentido del humor, pregunta al empleado consular si sabe quién ha escrito ese artículo. Cuando le contesta que no, Loewi le dice que lo escribió él mismo y sale corriendo del edificio... Para entrar en Estados Unidos, tiene que hacerse un examen médico y le entregan el resultado en un sobre cerrado con su visado. Cuando llega al puerto de Nueva York, un ordenanza recoge su documentación y la empieza a ordenar, delante de él, para agilizar el trabajo del oficial de inmigración. Loewi, aterrorizado, ve que su certificado médico pone «Senil. Incapaz de ganarse la vida». Temblando de miedo, piensa que le van a mandar a Ellis Island y de ahí de vuelta a las manos de Herr Hitler. En palabras de Loewi «*afortunadamente el oficial de aduanas no hizo ningún caso del certificado médico y me dio la bienvenida a su país. Era el 1 de junio de 1940.*»

En su estancia en Viena, Loewi había conocido y visitado a Sigmund Freud. Freud, cuyo libro más famoso era *La interpretación de los sueños,* sostenía que todos los sueños representan la realización de un deseo por parte del soñador. Años más tarde, cuando los dos viven refugiados en Londres, Loewi volvió a visitar a Freud no sólo para presentarle sus respetos sino también para hablar con él sobre los sueños y las bases psicológicas de los descubrimientos. Seguro que le contó su sueño y cómo llegó a la confirmación de la teoría química de la transmisión nerviosa y Freud se alegraría de conocer un argumento tan potente a favor de su teoría.

Shakespeare pone en boca de Próspero en *La Tempestad* que los hombres «*estamos hechos de la misma materia que los sueños*». La Ciencia, a veces, también.

📖 PARA LEER MÁS:

- Finger, S. (1994) Defining and controlling the circuits of emotion. En *Origins of Neuroscience.* Oxford University Press, Nueva York.

¿Tiene Barbie anorexia?

Barbie o por su nombre completo Barbara Millicent Roberts «nació» en 1959 y desde entonces se ha convertido en la muñeca más vendida en el mundo, con más de 1.000 millones de unidades comercializadas, en más de 150 países. La empresa Mattel presume de que cada semana se venden millón y medio de barbies lo que hace unas 2,5 por segundo. La anorexia nerviosa lleva más tiempo entre nosotros y fue descrita como enfermedad por sir William Gull, uno de los médicos personales de la reina Victoria, en 1873.

Este trastorno alimentario se caracteriza por un rechazo a mantener un peso sano, un miedo obsesivo a ganar peso y una imagen propia distorsionada a la hora de establecer cómo el individuo evalúa su propio cuerpo y su alimentación. Es una enfermedad mental seria, con una alta incidencia de combinación con otros trastornos (comorbilidad) y el mayor riesgo de muerte de cualquier enfermedad psiquiátrica.

La muñeca Barbie fue creada por Ruth Handler, esposa de uno de los socios fundadores de Mattel, Elliot Handler. Ruth había visto que su hija Bárbara representaba personajes adultos cuando jugaba con sus muñecas. Sin embargo, la gran mayoría de las muñecas de la época tenían el aspecto de bebés o niños pequeños. En un viaje a Alemania, Ruth descubrió una muñeca llamada Bild Lilli, que correspondía a un personaje de comic que era una secretaria, de espíritu libre, con las cosas claras y con muchas curvas. Era una muñeca cara, con ropa que se vendía aparte y que no iba dirigida a un público infantil sino más bien a fetichistas y personas con costumbres sexuales atípicas. A pesar de eso, Ruth Handler pensó que aquella muñeca podía ser lo que su hija querría y compró tres, una que regaló a su hija y dos que llevó a Mattel. Tras una negativa inicial, Mattel empezó a fabricar la nueva muñeca en Japón, con empleados que trabajaban en casa cosiendo a mano la ropa, un traje de baño de listas negras y blancas. La pusieron un nombre recordando a la hija de Ruth, Barbara. Las ventas fueron un éxito: el primer año se vendieron 375.000 con lo que se compraron todos los derechos de Bild Lilli y se cerró su fabricación. Barbie es novia de Ken Carson desde 1961. Se puede ver una reedición de un posible primer encuentro en *Toy Story 3*.

Con el tiempo, Barbie tuvo, además de 7 hermanitos o hermanitas, más de cien amigos, familiares, vecinos y compañeros de banda musical. Tenía también más de cuarenta mascotas incluyendo, además de perros y gatos, caballos, leones, cebras y osos panda. Barbie también «enseñaba» algunos de los problemas del mundo real. Cuando su amiga discapacitada Becky fue introducida en el mercado, sus concienciadas propietarias pudieron comprobar que la silla de ruedas no entraba en el ascensor de la Casa de los Sueños de Barbie.

Desde el primer momento, hubo controversia sobre el nuevo juguete. Según Tom Henderson, de ParentDish, si la muñeca hablara lo primero que diría sería «Deja de mirarme los pechos». De hecho, el tamaño de su delantera ha sido objeto de polémica desde su aparición en 1959. Inmediatamente tras su salida al mercado, numerosos padres consideraron sus medidas como exageradas y escribieron cartas airadas a los periódicos y a la propia empresa. La cosa no tiene pinta de cambiar y parece que se seguirá mirando el pecho de Barbie. En 2010 Mattel sacó al mercado la «Video Girl Barbie» que lleva una pequeña cámara web, sí, justo encima del pecho, disimulada como un medallón. Sin embargo, la controversia ahora es por otro motivo. El FBI ha indicado que las muñecas con cámara podrían ser usadas por pederastas y predadores sexuales para inducir a las niñas dueñas de las barbies a hacer películas en la intimidad de su dormitorio y descargarlas en internet.

En 1964, Mattel sacó al mercado a Skipper, teóricamente la hermanita de Barbie, una muñeca de una niña mucho más adaptada a los cánones tradicionales. En 1975, alguna mente privilegiada de los departamentos de diseño de Mattel lanzó al mercado «Skipper Creciendo»(Growing Up Skipper) donde la plana Skipper, si se le rotaba el brazo, mostraba como su pecho iba aumentando. Pronto se vio que esta «interactividad» era más popular entre los hermanitos de las propietarias de la muñeca que entre ellas mismas.

Una de las principales críticas a Barbie es que ejemplificaba un modelo de una mujer perfecta, con unas medidas imposibles y que generaba ansiedad, insatisfacción y conductas alimentarias aberrantes al ir entrando en la adolescencia las niñas que habían tenido a Barbie como su juguete favorito. Las feministas en especial hicieron ataques vitriólicos pero una de ellas, Jill Robertson Toledo, tenía un discurso más sugerente:

Ruth Handler (1916 - † 2002) cuando era ejecutiva de la empresa de juguetes Mattel, posando con la colección de muñecas Barbie de 1961.

«Barbie fue inventada por una mujer en una época donde no había muchas mujeres montando negocios. Su canción se titula `Nosotras las chicas podemos hacer cualquier cosa con Barbie.´ Y de hecho, podían hacer más cosas que con la muñeca de un bebé donde solo se puede, sin estrujar la imaginación, cambiarle de ropa y alimentarle. Barbie fue astronauta cuatro años antes de que el hombre llegase a la luna. Fue médico. Podía ser lo que tú quisieras que fuera. Piensa en todas esas niñas de los 50 y los 60 que jugaron con

Barbie y como muchas de ellas crecieron para desarrollar carreras profesionales en los 80 y los 90. Te hace pensar que quizá Barbie no fue tan mala cosa.»

Vivir con un trastorno alimentario es algo terrible, destructivo y que te aísla en el ámbito social. En las últimas décadas han aumentado notablemente los ingresos hospitalarios por trastornos alimentarios y se ha encontrado una estrecha relación con la frecuencia y la intensidad de las dietas realizadas para conseguir unas medidas perfectas. La difusión de Barbie es enorme. Se ha calculado que el 90% de las niñas americanas entre 3 y 10 años tienen una Barbie y si tienen una, lo normal es que tengan al menos siete más. En 1971, Mattel ajustó sus moldes y la nueva muñeca tenía más caderas y menos pecho pero se la siguió haciendo responsable de los problemas de dietas de las adolescentes occidentales y de la adicción a la cirugía plástica pocos años después. La omnipresencia de la nueva muñeca se asoció con las preocupantes cifras de trastornos de la alimentación en Estados Unidos y en todos los países de su entorno cultural. Según datos recientes, el 2% de las niñas norteamericanas desarrollan anorexia en algún momento de sus vidas, el 15% una bulimia y el 70% se ven gordas. En 1961 el equipamiento de la «Barbie canguro» venía con un libro titulado *Cómo perder peso* que incluía el siguiente consejo: «No comas». En 1965, otro paquete de accesorios llamado *Slumber party* (Fiesta de pijamas) incluía el mismo libro y una báscula rosa que marcaba 50 kilos (110 libras) lo que sería 16 kilogramos menos de lo que debería pesar una persona de su altura (1,75 m).

Se ha hablado también de un «lado oscuro» de la relación de las niñas con sus barbies y de una época, cuando son algo mayores, que tienen tendencia a descabezarlas, mutilarlas y someterlas a distintos tipos de torturas. En 1991, apareció una nueva muñeca denominada la «Feliz de Ser Yo». El nuevo juguete tenía un guardarropa con 9 opciones, poco frente a las más de 100 de Barbie y tenía articulaciones en los brazos y las piernas. Según su creadora, Cathy Meredig, no solo hacía que las muñecas fueran más fáciles de vestir, sino que mostraban una capacidad de movimiento «*como las mujeres activas que se divierten y se involucran en la vida*». La fábrica de las «Feliz de Ser Yo» tenía el nombre de Corporación de Juguetes de Alta Autoestima. Si no fuera cierto, parecería un nombre de comedia. «Feliz de Ser Yo» fue recibida con júbilo por psicólogos y feministas, quizá con el doble de júbilo por las psicólogas feministas, pero no por sus pequeñas clientes que siguieron prefiriendo a Barbie. Por cierto, hay también una Barbie psicóloga.

Meredig dijo que el impulso para crear la «Feliz de Ser Yo» era que había visto que sus amigas, incluso con magníficos desarrollos profesionales o con buenas trayectorias en su vida personal mostraban una insatisfacción con su vida y con ellas mismas, que ella relacionaba con los arquetipos de perfección imposible a los que la sociedad de consumo les había acostumbrado desde niñas, señalando como culpables prototípicos a las muñecas Barbie. Las feministas también atacaron a Barbie por corresponder a un modelo machista: había Barbie peluquera, recepcionista, niñera, maquilladora, dependienta, maestra,... No faltaba ni uno solo de los tópicos. La Barbie Parlante era capaz de decir 270 frases entre las que estaban «¿Tendremos alguna vez suficiente ropa?», «¡Me encanta ir de compras!» y «La clase de matemáticas es muy difícil». Ante las críticas, Mattel reaccionó quitando la última frase de su repertorio y creando nuevos vestuarios para una Barbie profesional. La Barbie azafata fue acompañada por la Barbie piloto de líneas aéreas. Incluso apareció una Barbie candidata presidencial, predecesora de la señora Clinton.

La «Feliz de Ser Yo» tenía unas medidas más cercanas a una mujer más parecida a la media de la población real, con una cadera más ancha, pies más grandes y cuello y piernas más cortos. Asumiendo una escala «humana» , la «Feliz de Ser Yo» se tendría que conformar con unas medidas de

Elliot y Ruth Handler, co-fundadores de Mattel, montando un cohete de juguete. [*The New York Times*, 7 de febrero 1959]

91-69-96, mientras que Barbie tendría unas dimensiones extraterrestres de 91-46-84. Según el Hospital Central Universitario de Helsinki, Finlandia, con esas medidas, Barbie no tendría suficiente grasa subcutánea y habría perdido la menstruación, una de las características diagnósticas de la anorexia. Se han calculado las medidas de Barbie y aunque raras parece que no son imposibles y que corresponderían a una de cada 100.000 mujeres. No sería por tanto cierta la leyenda urbana de que con ese tamaño de pecho y de pies rodaría por el suelo cada pocos pasos. En el caso de los hombres parece que las cosas son más fáciles y uno de cada 50 correspondería a las medidas de Ken. Sin embargo, ni siquiera las proporciones perfectas son garantías de nada. El día de San Valentín de 2004 Barbie dejó a Ken después de 43 años de novios. Parece que Mattel produjo un nuevo molde y hay nuevas esperanzas para el pobre Ken.

Las mujeres son del 85 al 95% de los pacientes con trastornos graves del comportamiento alimentario como anorexia o bulimia, apareciendo la mayoría de los casos en la adolescencia o juventud. Aunque hay factores biológicos o nutricionales, es evidente que hay también factores psicológicos, culturales y sociales. Los medios alientan una imagen femenina ideal en los países occidentales que corresponde poco a la realidad. Un estudio epidemiológico de 989.871 personas residentes en Suecia, indicaba que entre los factores de riesgo de sufrir anorexia estaban el género, la raza y el nivel socioeconómico. Blancos, mujeres y de buen nivel socioeconómico, las características de la Barbie principal (hay Barbies o muñecas asimilables de otras razas) eran las que mayor riesgo tenían de sufrir anorexia, sobre todo en profesiones en las que hay especial presión social por la delgadez, como modelos y bailarinas, dos de las ocupaciones de la polifacética Barbie. Sin embargo, en 2009, el mismo año que se cumplía el 50 aniversario de la muñeca Barbie, el Dr. Worobey de la Universidad de Rutgers realizó una investigación sobre la relación de Barbie y sus propietarias. Encontró, tras hacer un estudio en 254 mujeres, que ni la edad de su primera Barbie ni cuántas barbies habían tenido en su infancia y adolescencia tenían un impacto estadísticamente significativo en su propia imagen ni en su conducta alimentaria. El factor más importante a la hora de predecir el comportamiento alimentario y la obsesión con las dietas de una mujer eran sus recuerdos de cuánto valoraba la apariencia física su familia más cercana.

Ruth Handler, la mujer que había inventado la muñeca Barbie murió en 2002. Handler tuvo un cáncer de mama en 1970 y le realizaron una mastectomía total. Como las prótesis que le ofrecieron no le convencían creó una línea propia de implantes mamarios llamados NearlyMe, dejando la industria juguetera en 1975 y centrándose hasta el final de sus días en las prótesis mamarias. Preguntada alguna vez por su vida profesional siempre contestaba de buen humor: «*Ha ido de pechos en pechos*».

🕮 PARA LEER MÁS:

- Lord, M.G.(1994) *Forever Barbie: The Unauthorized Biography of a Real Doll*. William Morrow, Nueva York.

- She's not Barbie, Nor Does She Care to Be. New York Times, 15 de agosto de 1991.
- Worobey J.(2009) Barbie at 50: maligned but benign? Eat Weight Disord. 14(4):e219-224.

El genio en un tarro de mayonesa

A los humanos nos encanta lo que se sale de la normalidad. Durante siglos, hemos ido a las ferias para ver a la mujer barbuda, miramos diferentes animales exóticos en los zoológicos, nos asombrarnos con nuevos inventos sorprendentes en los medios de comunicación. Y algo así nos pasa con el cerebro de los genios. Hemos pretendido explicar la sabiduría, el pensamiento profundo y novedoso, o quizá nuestra propia torpeza, midiendo volúmenes craneales y fisuras en la corteza, buscando la explicación neurobiológica de por qué él era así o, quizá, por qué nosotros no somos como él.

El caso más famoso es, sin duda, el cerebro de Einstein. Einstein murió en 1955, a la edad de 76 años, de la rotura de un aneurisma en la aorta abdominal, que hizo que se desangrara en su propio vientre. Thomas S. Harvey le hizo la autopsia siete horas después del fallecimiento. Inyectó formol por las arterias carótidas internas, un sistema de preservar y endurecer el cerebro antes de extraerlo, lo sacó del cráneo y continuó la fijación en formol durante varios meses. Al cabo de ese tiempo, el cerebro tiene la consistencia de un queso sin curar y es más fácil cortarlo sin deformarlo. Harvey troceó el cerebro de Einstein en 240 bloques y los metió en una sustancia parecida a un plástico transparente blando,

En 1898 el circo de John Robinson planteó un desafío de 25.000 dólares. Quién sería capaz de igualar a Louis Cyr, el hombre «más fuerte de la tierra», que podía levantar hasta 4.300 libras de peso. [*Library of Congress*, Washington, D.C., USA]

la celoidina. Finalmente, los bloques de cerebro incluido en celoidina se mantuvieron en alcohol de 80° hasta nuestros días.

Cuando se extrajo el cerebro de Einstein, la primera sorpresa fue el peso. Pesaba 1.230 gramos, que está dentro del rango de la normalidad, pero por debajo del peso cerebral tipo para hombres de su edad. Por decirlo de alguna manera, Einstein tenía menos cerebro que la media.

En la misma autopsia se vieron algunas anomalías anatómicas: Einstein no tenía opérculo parietal en el hemisferio y la fisura de Silvio estaba agrandada. Un estudio posterior realizado por científicos de la Universidad McMaster de Ontario, trabajando sobre fotos y no sobre el cerebro, encontró que el cerebro era similar al de otras personas, salvo en la región responsable del pensamiento matemático y en la habilidad para pensar en términos de espacio y movimiento. El gran desarrollo de esta área hacía que el cerebro de Einstein fuese un 15% más ancho de lo normal. Todo esto encajaba muy bien en lo que sabemos de Einstein, pero no es seguro que hubieran llegado a las mismas conclusiones si hubieran realizado un estudio ciego; es decir, sin saber a quién correspondían aquellas fotos de ese cerebro. También faltaba en esa zona alterada una hendidura llamada el surco lateral. Los investigadores de la McMaster sugirieron que la ausencia del surco podría permitir a las neuronas comunicarse más fácilmente, pero esto ya era puramente especulativo porque no había ninguna prueba de que esas conexiones de comunicación existieran realmente.

El primer estudio neurohistológico (Diamond et al., 1985) mostró algo sorprendente: la proporción glía/neuro-

Albert Einstein. Archivo de George Grantham.
[*Library of Congress*, Washington, D.C., USA]

nas era mayor que en cerebros control. Puesto que la glía se consideraba formada por células accesorias —el nombre significaba originalmente «pegamento»—, mucho menos importantes que las células nobles, las neuronas, ese estudio dejó a todo el mundo con el paso cambiado. Nadie esperaba que la diferencia, que la peculiaridad del cerebro de un genio, fuera precisamente tener más glía.

Años más tarde, otro grupo (Anderson y Harvey, 1996), volvió a estudiar otro fragmento del cerebro de Einstein. En este caso, lo que encontraron fue que la corteza cerebral de Einstein era más delgada que la de los cerebros control de la misma edad. Parecía de nuevo, una broma del científico alemán: en vez de tener más corteza, la zona más especializada y el asiento de las funciones cognitivas superiores, resulta que tenía menos. Los autores dijeron que al tener un número de neuronas similar, una corteza más fina significaba una mayor densidad neuronal y quizá una mayor rapidez en la transmisión de impulsos, al estar más cercanas las neuronas entre sí. También pura hipótesis.

Junto a todo esto, hay también una historia paralela, ejemplificante de las miserias humanas. Primero, no está claro que Einstein ni las personas más cercanas dieran autorización para que se estudiara su cerebro. Su único hijo Hans Albert Einstein, dio permiso *a posteriori*, pero con la condición de que sólo se usara para investigaciones que cristalizaran en artículos científicos publicados en las mejores revistas. En realidad, ha habido más reportajes televisivos que publicaciones y éstas han sido en revistas de tipo medio. El patólogo que hizo la autopsia, Harvey, fue despedido del Hospital de Princeton, por negarse a entregar el cerebro de Einstein. Muchas personas consideraron que lo había robado. Después, durante décadas se perdió la pista del cerebro de Einstein hasta que un periodista, Steven Levy, se puso a buscarlo. Localizó a Harvey en Wichita, Kansas y aunque éste no quería hablar de ello, finalmente reconoció que lo tenía él. Cuando el periodista le preguntó dónde estaba el cerebro, Harvey le dijo que en esa oficina donde estaban los dos sentados. Se levantó, cogió una caja de cartón que ponía «Sidra Costa» y de dentro sacó dos grandes frascos de cristal de conservas de fruta, similares a nuestros tarros de melocotón en almíbar. Dentro, estaba el cerebro de Einstein. Los botes de cristal hermético son buenos recipientes para las muestras biológicas. Lo pudo comprobar Marian Diamond, de la Universidad de California, Berkeley. Ella solicitó unas muestras a Harvey para hacer el estudio de la glía. Su sorpresa fue mayúscula al recibir, tres años después de que se lo solicitase, las piezas requeridas en un bote de mayonesa.

Michael Paterniti —un escritor que describió años más tarde lo que pasó el día que murió Einstein donde según él «*era cómo que hubiera muerto un profeta*»— y Thomas Harvey decidieron, cuarenta años después de la muerte de Einstein, devolver el cerebro a la familia, en concreto a la nieta de Einstein. Harvey tenía entonces unos ochenta años. Paterniti llegó a Princeton con un Buick Skylark alquilado desde Maine y la nieta de Einstein, Evelyn, vivía en Berkeley. Era por tanto un viaje de costa a costa, de unos 5.000 kilómetros (solo ida), así que metieron el cerebro de Einstein en un «*tupperware*» en el maletero y emprendieron viaje. Paternini contó ese periplo único donde entre otras cosas hicieron un desvío para entrar a ver a un antiguo vecino de Harvey, el escritor y heroinómano William S. Burroughs. La historia no terminó aquí. La nieta se negó a aceptar el cerebro —hay que imaginar a aquellos dos con su «*tupper*» en la mano llamando a la puerta— así que finalmente los bloques que quedan los devolvieron al Hospital de Princeton, donde todavía se encuentran.

Finalmente, un último apunte. Todos los investigadores asumían que las cosas insólitas que encontrarían estarían relacionadas con la genialidad de Einstein. ¿Y si fuera todo lo contrario? Einstein tuvo dificultades para aprender a hablar y no dijo sus primeras palabras hasta los tres años, tuvo problemas de lenguaje durante toda la escuela primaria y no alcanzó la fluidez en su lengua materna hasta los nueve. Aunque hay muchas cosas que no encajan, algunos científicos han dicho que Einstein tenía algunos rasgos de autismo ¿Y si los cambios observados en la corteza no fueran el sustrato de la genialidad sino de un serio problema de desarrollo cerebral? Por último, recordar las palabras de Edison: «el genio es uno por ciento de inspiración y noventa y nueve por ciento de sudor».

📖 PARA LEER MÁS:

- Anderson, B y T. Harvey (1996) Alterations in cortical thickness and neuronal density in the frontal cortex of Albert Einstein. Neurosci. Lett. 210: 161-164.
- Diamond, M.C., Scheibel, A.B., Murphy, G.M. and Harvey, T. (1985) On the brain of a scientist: Albert Einstein. Exp. Neurol. 88: 198-204.

- Página personal de Steven Levy. http://www.stevenlevy.com/index.php/einsteins-brain
- Paterniti, M. (2001) *Viajando con Mr. Albert*. RBA Libros, Barcelona.
- http://www.youtube.com/watch?v=JNOKT-xv7Dw

Un neurocientífico llamado Leonardo

Leonardo nació el 15 de abril de 1452, en Vinci, un pequeño pueblo a treinta kilómetros de Florencia. Fue hijo ilegítimo de un notario de 25 años, Ser Piero y de una campesina, Caterina. Desde poco después de su nacimiento, el niño quedó bajo la tutela de su padre mientras que la madre se casó con otro hombre y se trasladó a un pueblo vecino. Ambos jóvenes tuvieron otros hijos, nunca más entre ellos, y Leonardo tuvo un total de 17 hermanastros y hermanastras.

Leonardo se cría en la casa paterna y tiene acceso a una pequeña biblioteca, propiedad de su familia y amigos. Al parecer desde muy joven muestra un gran interés y capacidad por la geometría, la música y la expresión artística, jugando entre los talleres de los pintores de Vinci. Observando sus cualidades, Ser Piero lleva unos cuantos dibujos a Andrea del Verrocchio, uno de los pintores más afamados de Florencia. Verrocchio queda asombrado de la capacidad del muchacho y decide incorporarle al taller como aprendiz. Leonardo tenía quince años. Ya desde el primer momento, Leonardo demuestra un enorme talento y su mano parece estar en una serie de obras producidas en el taller de Verrocchio entre los años 1470 y 1475. No se sabe mucho más de

Bautizo de Cristo (*Battesimo di Cristo*). Es una obra de gran formato que proviene del taller de Andrea Verrocchio, algunas de cuyas partes se atribuyen a Leonardo. Está realizada al óleo y al temple sobre tabla.
[*Galería de los Uffizi,* Florencia, Italia]

su formación, pero parece que más que recibir enseñanzas de otros pintores, Leonardo observa cuidadosamente otras obras en la ciudad y practica la aplicación de sus ideas. Según la leyenda, Leonardo pinta un ángel en el *Bautizo de Cristo* que Verrocchio estaba realizando, quien mortificado por la calidad de aquella pequeña obra frente su trayectoria, decide no volver a pintar jamás. En 1472, Leonardo forma ya parte del listado del gremio de pintores de Florencia, aunque permaneció en el taller de Verrocchio hasta 1477, año en que se estableció por su cuenta.

Buscando nuevos retos y también mejorar su situación económica, Leonardo entra al servicio del Duque de Milán a finales de 1481 o comienzos de 1482, abandonando su primer encargo en Florencia: *La adoración de los Magos*. Se supone que los descubrimientos neurocientíficos de Leonardo fueron posibles porque se separó del ambiente estéril, neoplatónico de Florencia y utilizó la observación directa, en la tradición «práctica» de Milán. La ciudad norteña mantenía una activa vida universitaria, con uno de los mayores centros médicos de Italia, el Ospedale Maggiore en una de cuyas secciones, el Ospedale del Brolo, una orden de 1480 permitía expresamente la disección humana. Leonardo permaneció 17 años en Milán, hasta la caída del duque Ludovico Sforza, en 1499.

La primera referencia de un interés de Leonardo por la anatomía de los organismos y en particular sobre el sistema nervioso tiene por protagonista a un anfibio. Alrededor de 1487, pincha el bulbo raquídeo de una rana y escribe:

> «*La rana murió instantáneamente al perforar su bulbo raquídeo* (medulla oblongata). *Antes vivió sin*

cabeza, sin corazón, sin otros órganos internos, sin intestinos, sin piel. Ahí [en el sistema nervioso] *parece residir, pues, la base del movimiento y de la vida.*»

A pesar de la crueldad del experimento, según nuestros cánones actuales, Leonardo amaba los animales: vegetariano, compraba pájaros en el mercado para liberarlos y tenía pasión por los caballos. Por lo que sabemos, nunca más volvió a realizar una vivisección.

Los primeros dibujos de la anatomía humana que se conservan de él corresponden precisamente al cráneo y datan de alrededor de 1489. Por primera vez, se muestran en detalle las arterias meníngeas anterior y media —para Leonardo la fuente de «*espíritu vital*» de los ventrículos— y las fosas craneales anterior, media y posterior. Leonardo pinta también la vena frontal, que se usaba tradicionalmente por cirujanos y barberos para sangrar la cabeza y tratar las migrañas y las enfermedades mentales. Sus dibujos también incluyen el nervio óptico, el auditivo y otros nervios craneales, saliendo entre los huesos. Leonardo identificó siete pares, incluyendo los nervios olfatorios que no se habían descrito hasta entonces como un par craneal y atinó en detalles como representar el cruzamiento de los nervios ópticos en el quiasma.

Leonardo dibujó también la médula espinal, añadiendo las palabras «*fuerza generadora*». Continuaba así la teoría hipocrática, que al parecer algunos seguían creyendo no hace tanto, de que el semen se formaba en la médula espinal.

Leonardo, que había comenzado su estudio del cuerpo humano para mejorar la calidad de sus pinturas, siente un interés cada vez mayor por comprender el funcionamiento

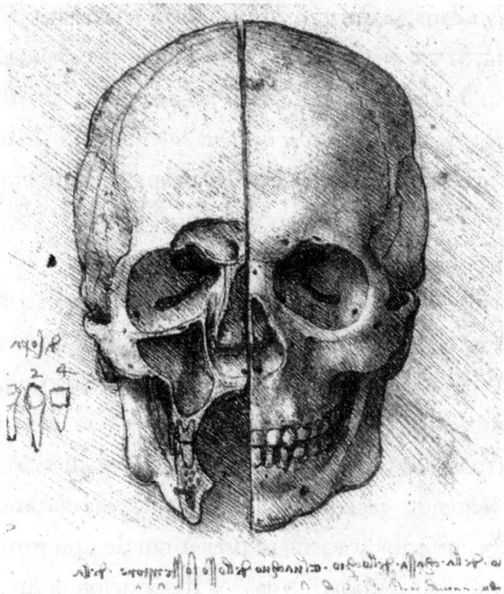

Anatomía del cráneo humano. Leonardo da Vinci.

del organismo. Aunque durante un periodo de más de diez años no hace ningún tipo de estudio anatómico, su interés es revivido en una visita al Ospedale di Santa Maria Nuova. En el invierno de 1507-1508, Leonardo está en Florencia para arreglar unas cuestiones relativas al testamento de su tío. El hospital tenía un almacén de libros y dibujos que Leonardo utilizaba. De forma casual, la visita de Leonardo coincide con la muerte de un anciano:

> *«un hombre viejo unas horas antes de su muerte me dijo que había vivido más de cien años y que no sentía ningún fallo en su cuerpo salvo la debilidad. Y así, mientras estaba sentado en su cama del hospital de Santa Maria Nuova en Florencia, falleció sin mover-*

se ni mostrar ningún signo de sufrimiento. Hice una anatomía de él [una autopsia] para ver la causa de una muerte tan dulce. Esta operación la hice muy diligentemente y con mucha facilidad por la ausencia de grasa y humores que impiden el conocimiento de las partes.»

Leonardo termina muchos de sus dibujos de esta autopsia en su estudio de Milán en 1508, por lo que reflejan más lo que recuerda que lo que realmente ha visto. Sus notas incluyen por primera vez descripciones de cosas identificables como cirrosis hepática, arteriosclerosis, calcificación de las arterias, oclusión vascular coronaria y capilares sanguíneos; aunque los órganos y vasos se presentan de una forma separada y sintética, poco parecida a la disposición compacta que se aprecia al abrir el abdomen humano.

Leonardo planeaba escribir un gran tratado anatómico, llenando más de 600 folios con miles de dibujos, pero ninguna de sus observaciones vio la luz durante su vida. Los trabajos anatómicos que han sobrevivido, incluidos los del cerebro, se publicaron por primera vez en el periodo entre 1898 y 1916. Así, la influencia de Leonardo sobre los estudiosos del cerebro en el Renacimiento y en épocas posteriores fue prácticamente nula.

El primer estudio de la organización cerebral hecho por Leonardo se conserva en un manuscrito pintado con sanguina, propiedad en la actualidad de la corona inglesa. Leonardo comenta la organización de la cabeza indicando que observa una serie de estructuras concéntricas que se cierran una sobre otra como las capas de una cebolla (de hecho, dibuja una cebolla al lado). En una nota escrita con su característica escritura inversa, Leonardo escribe

> *«Si se corta una cebolla por la mitad, se pueden ver y enumerar todas las capas o cortezas que revisten el centro de esa cebolla. De manera similar, si se corta la cabeza de un hombre, se atraviesan primero los cabellos, luego el cuero cabelludo, la carne muscular y el pericráneo, el cráneo y, en su interior, la duramadre, la piamadre y el cerebro; luego de nuevo la piamadre, la duramadre y la rete mirabile.»*

Uno de los aspectos más interesantes de esta autopsia de Leonardo es su análisis de los ventrículos cerebrales. La cuestión era más importante de lo que nos parece actualmente porque se consideraba que éstos y no el tejido nervioso que les rodea, era el lugar donde residían las facultades mentales y donde se encontraba el alma. Los líquidos, los humores, eran el sustrato verdaderamente importante y no la materia sólida que los rodea. Consciente de sus limitaciones, de su poca base de latín, el lenguaje de los mejores libros científicos, y con una actitud algo ingenua hacia el Principio de autoridad, Leonardo asumió en una primera fase los postulados de los filósofos y médicos griegos y romanos, modelados a través de reconstrucciones medievales. Aunque Leonardo afirmaba que «*la experiencia pura y simple*» era «*la verdadera maestra*», en la primera fase de sus investigaciones sobre la organización del cerebro, sus dibujos muestran que combinaba una observación aguda y detallada con esa aceptación incuestionable y acrítica de las descripciones clásicas. Leo-

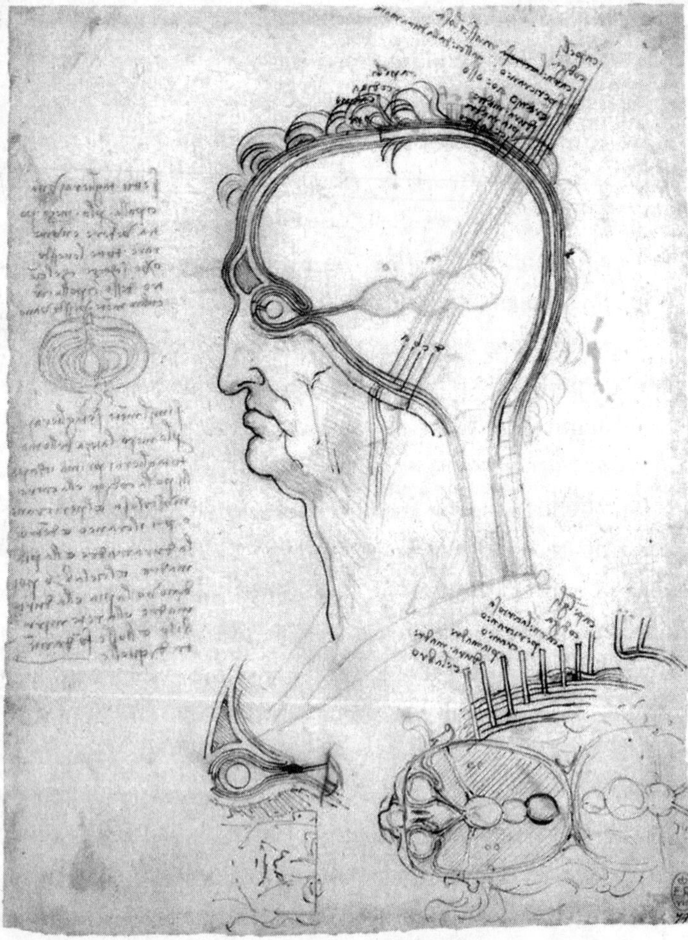

Ilustración anatómica que compara las capas que conforman las estructuras de una cebolla (dibujada entre el texto de la parte izquierda) y las capas que estructuran los anejos del cerebro de un hombre.

nardo dibujó los ventrículos no como eran sino como habían sido descritos desde hacía siglos. Así, sus primeros dibujos de los ventrículos cerebrales incluyen tres cámaras consecutivas dispuestas en línea (lo podemos ver en la ilustración), desde la zona frontal, tras los ojos, hasta la zona occipital, cerca de la nuca. La disposición en tres celdas consecutivas era una idea original de Galeno que se seguía manteniendo en los principales tratados médicos de la Edad Media. Según las teorías galénicas, el primer ventrículo contenía el *sensus comunis,* el sentido común, en el que convergían todos los nervios sensoriales, junto con las facultades imaginativas, *fantasia* e *imaginatio*. Desde ahí, los impulsos pasaban a procesarse en el ventrículo medio, lugar de las facultades intelectuales *cogitatio, estimatio, ratio;* lo que conocemos como pensamiento racional. El ventrículo posterior almacenaba los resultados de la actividad cerebral en una cavidad o despensa llamada memoria.

En una primera fase, Leonardo mantiene la organización en tres cámaras pero modifica su disposición funcional y así coloca en el ventrículo anterior una nueva función, la *imprensiva*. Allí penetraban los nervios ópticos que son la ventana del alma y el fundamento básico de toda experiencia. Los nervios olfatorios y auditivos penetraban en el ventrículo medio, denominado *senso comune* pero también *comocio* (pensamiento) o *volonto* (voluntad), donde la información de los sentidos era valorada y juzgada. Era el lugar donde residía el alma.

La observación de las primeras disecciones cerebrales de Leonardo no encaja con este esquema y decide buscar un método para intentar aclarar sus dudas sobre la disposición

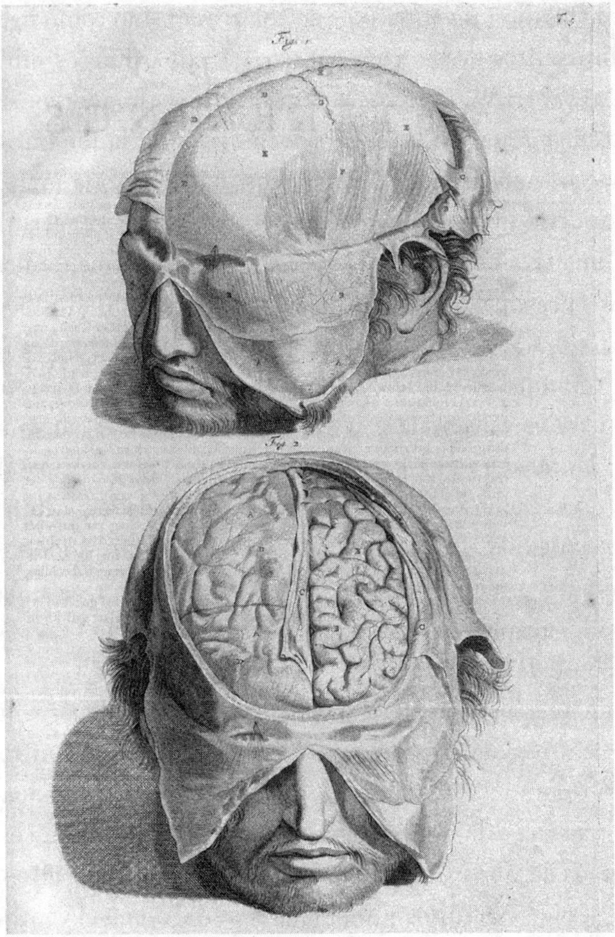

Preparación que muestra diversas estructuras de la cabeza humana, desde el exterior hasta el cerebro, del *Atlas de Anatomía de Govard Bidloo*. El grabado fue publicado anteriormente en la obra *Anatomía de los cuerpos humanos*, del anatomista Inglés William Cowper (Oxford) que publicó el texto en 1698. Estas descripciones anatómicas (que pueden parecer algo grotescas en nuestros días), fueron imágenes de vanguardia en el siglo XVII. Las ilustraciones fueron creadas por el artista Gérard de Lairesse, y grabadas por Abraham Blooteling y Peter van Gunst. [*National Institute of Health*, USA]

de los ventrículos y la localización de las funciones mentales, la forma de actuar de un verdadero científico.

Aprovechando su experiencia como escultor, donde se utiliza la técnica llamada de la cera perdida, Leonardo realiza una perforación en la base del cráneo de un buey muerto e inyecta cera caliente con una jeringuilla en los ventrículos. Al enfriarse la cera, fue cortando con cuidado el tejido cerebral y obtuvo un molde en cera de los ventrículos, utilizando por primera vez en la Historia la inyección de una sustancia que solidifique para determinar la forma tridimensional de una cavidad corporal.

Leonardo describe cómo hacer este molde:

> «*Háganse dos orificios de descarga en los cuernos de los ventrículos mayores, e introdúzcase cera fundida con una jeringa, haciendo un agujero en el* [cuarto] *ventrículo de la memoria; a través de este orificio llénense los tres ventrículos del cerebro. Luego, cuando la cera se haya solidificado, sepárese el cerebro y se tendrá la forma exacta de los ventrículos.*»

Leonardo utilizó la misma técnica para hacer moldes de las cámaras del corazón y estudiar su función.

En un esquema de una lámina conservada en Weimar, Leonardo ha etiquetado los ventrículos laterales como *imprensiva*, el tercer ventrículo, como *senso comune*, y el cuarto ventrículo como *memoria*. Esta disposición indicaría que todos los nervios sensoriales tendrían que pasar a través de la *imprensiva* de los ventrículos laterales, y estaba claramente en contraposición con una observación en la misma lámina donde indica «*dado que el* [cuarto] *ventrículo se encuentra al término de la médula espinal... podemos juzgar que el sentido del tacto pasa hacia este ventrículo.*»

Además de sus detalladas descripciones e ilustraciones Leonardo dio dos pasos importantes. Primero, introdujo el término *imprensiva* para describir una estructura ventricular del cerebro anterior que mediaba entre los órganos de los sentidos y el senso *comune*. Leonardo, interesado también en los asuntos bélicos, escribe: «*El senso comune es el sitio del alma, la memoria es su munición y la imprensiva es su estandarte de referencia.*»

La fascinación que Leonardo ejerce sobre el mundo actual es probablemente debido a su curiosidad sin fronteras y a la riqueza y amplitud de sus logros. El resultado de sus experimentos fue muy limitado, no consiguió terminar ni publicar el gran tratado de Anatomía que persiguió toda su vida y nunca sintetizó y organizó sus teorías y observaciones en un esquema integrado. A pesar de ello, percibimos que trató de entender todos los aspectos del cerebro, desde la estructura a la función, de la materia al alma. Sus especulaciones se extienden desde la percepción sensorial a la función de los sueños, de cómo estornudamos a la capacidad del estado mental de la madre de influir sobre la salud del niño aún no nacido. En el mundo actual de la Ciencia, donde todos somos especialistas y reduccionistas, la figura de Leonardo es la de un gigante de un tiempo que ya, probablemente, no volverá.

El placer de hacer el bien

Altruismo se considera el término opuesto a egoísmo. Es poner el bienestar de los demás por encima del nuestro personal, una motivación para ayudar sin recibir ni esperar una recompensa. En términos biológicos, el altruismo es cuando un animal beneficia a otro, causándose a sí mismo una pérdida o un perjuicio. Hay dos grandes teorías para explicar el altruismo. Una es que se basa en una mejora desde el individuo hacia el grupo —la familia, la tribu—, para quienes comparten genes comunes. J.B.S. Haldane lo explicó humorísticamente cuando dijo, atendiendo al porcentaje de genes compartidos, que él «*daría su vida por dos hermanos o por ocho primos*». Este tipo de altruismo se basa en la llamada selección por parentesco. Existen especies de aves donde el pollo mayor ayuda a criar a sus hermanos más pequeños, en vez de aprovechar él toda la comida.

En la famosa teoría de Richard Dawkins, los individuos son altruistas y los genes egoístas. Para él, ese egoísmo de los genes explica tanto el altruismo como el egoísmo individual desde el punto de vista genético. Dawkins postula que la interpretación ortodoxa de la selección natural darwiniana es aquella que la concibe como selección de genes (egoísmo del gen), y no como selección de grupos (altruismo entre individuos). Extrapolando a nuestra sociedad, él mismo dice: «*intenta enseñar compasión y altruismo, porque nacemos egoístas*».

La otra gran teoría es el llamado altruismo recíproco, en el que ayudamos a otros con la esperanza de ser ayudados en algún momento. En términos económicos, no haríamos una donación sino una inversión.

En nuestra visión humana, cerebral, uno es consciente de que hace algo para ayudar a los demás, pero en el mundo biológico eso no es así. Existe un moho mucilaginoso llamado *Dictyostelium* en el que las células viven normalmente en forma individual como si fueran amebas microscópicas con reproducción asexual. Pero cuando la situación ambiental empeora y falta, por ejemplo, alimento, estas células cambian su forma de actuación. Entre 10.000 y 100.000 células individuales se agrupan en una especie de pequeña babosa, capaz de desplazarse. En un momento determinado un 20% de las células forman un tallo reproductor que levanta al

El profesor Liviu Librescu en su despacho.

resto, muchas de las cuales se transforman en esporas viables. Así, ese 20% de células, que eran organismos independientes, sacrifica su «futuro» porque las demás tengan una posibilidad. Es interesante porque cuando se mezclan clones de distintos grupos, en la mitad de los casos todas las células colaboran de una manera limpia y en la otra mitad hay «tramposos» y «víctimas» donde un clon intenta que sean las células del otro clon las que formen el tallo (las víctimas) y ellas las que puedan convertirse en elementos reproductores y dar lugar a la siguiente generación (las tramposas).

Otro ejemplo sería en insectos, donde por ejemplo, las abejas, hormigas, avispas o termitas obreras entregan su vida si hace falta proteger a la reina y han sacrificado su futuro reproductor para alimentarla y cuidarla toda la vida. El altruismo es más frecuente en animales sociales. Los murciélagos vampiros regurgitan habitualmente parte de la sangre que han conseguido para alimentar a otros miembros de su colonia que no han conseguido comida esa noche, asegurando que no pasen hambre. En muchas especies de aves, una pareja que está criando recibe la ayuda de otros pájaros que protegen el nido de los predadores y ayudan a traer comida para los polluelos. En bastantes mamíferos, como los monos cercopitecos, cuando uno nota la presencia de un predador, se pone a gritar para avisar a sus compañeros, con lo que es rápidamente localizado e incrementa las posibilidades de ser él el atacado.

Hay muchos ejemplos de que en nuestra especie no es tan sencillo, hay algo mucho más profundo. El 16 de abril de 2007, Seung-Hui Cho, un estudiante de Virginia Tech empezó a disparar por el campus. Un profesor, Liviu Librescu bloqueó la puerta del aula para que sus estudiantes pudieran escapar. Cuando Cho se suicidó, había 32 estudiantes y profesores muertos, Librescu entre ellos. No buscaba un mejor futuro para sus genes ni recibir ningún favor a cambio. Simplemente dio la vida por sus alumnos.

Uno de los primeros estudiosos del altruismo fue el príncipe Pyotr Kropotkin, quien después de una vida de aventuras en las tundras de Siberia y en Manchuria, donde trabajó como zoólogo y geógrafo, se dedicó a predicar el anarquismo por las calles de Londres, un anarquismo tan distinto al de nuestros días. Kropotkin escribió en 1902 un libro titulado *Ayuda mutua: un factor en la evolución,* donde se plantean las ventajas del altruismo como estrategia evolutiva. Pero sin duda, la persona que más ayudó a la definición científica del altruismo fue George Price. Price estudió Físicas en la Universidad de Chicago. Después del desarrollo de un cáncer de tiroides, una carrera llena de problemas en IBM y un matrimonio fracasado, se trasladó al Reino Unido en 1967, donde empezó a trabajar en el University College de Londres. Sus intereses pasaron de la Química, a la Informática y de ahí a una mezcla de Matemáticas y Biología. Entonces es cuando empezó su interés, que terminó siendo obsesivo, por el altruismo. El altruismo es un problema biológico fundamental porque puede llevar luz sobre el equilibrio entre cooperación y conflicto que caracteriza muchos apartados de la vida, desde la división celular al sexo, y en muchos grupos de organismos, desde las colonias de bacterias a las manadas de lobos. Pero en nuestro caso, en lo que implica al cerebro humano, es especialmente interesante. Alguien que se mete en un edificio en llamas para salvar a otras personas, es perfectamente consciente de que está poniendo su propia vida en peligro. Su cerebro analiza la situación y, sin embargo, le ordena entrar. En términos biológicos no se entiende cómo casa eso con el concepto de la «*supervivencia del mejor adaptado*» ni con el compromiso primero y principal con la supervivencia personal.

Price aplicó la teoría de juegos al análisis de los comportamientos y pudo demostrar, mediante modelos matemáticos, cómo la selección natural podía actuar sobre individuos, pero también sobre genes o sobre grupos familiares. La ecuación de Price describe cómo tendencias o rasgos pasan de una generación a la siguiente, convirtiéndose en un referente en el estudio de la evolución.

En 2006, el estudio de la actividad cerebral por técnicas de resonancia magnética funcional dio nueva luz sobre el altruismo. El grupo de Jorge Moll demostró que un circuito primitivo del placer, la vía mesolímbica de recompensa, relacionada con temas tan básicos como la alimentación o el sexo, se activaba en el comportamiento altruista. Es decir, sentimos placer cuando ayudamos a un desconocido en un mecanismo cerebral similar al que experimentamos cuando tenemos relaciones sexuales o cuando después de estar hambrientos, comemos. La misma zona cerebral se activaba cuando los participantes en el estudio recibían dinero que cuando lo donaban. Pero además, la región que incluye el septo y la corteza bajo el genu, se activaba solamente cuando los intereses de los otros se ponían por delante de los propios. Por así decirlo, el altruismo no está basado en una cualidad moral que suprime los instintos egoístas sino es algo básico en nuestro funcionamiento cerebral, codificado en nuestras neuronas. Esta misma zona se activa también con las relaciones sociales y el establecimiento de vínculos entre individuos diferentes. Y se encontraba también en otras especies, por lo que no es un mecanismo moral ni cultural, sino biológico.

Pero también se encontraron diferencias entre personas. Un estudio publicado en Nature Neuroscience, utilizando análisis de la vida cotidiana y simulaciones de juego por ordenador, indicaba que una región del cerebro (la parte posterior de la corteza temporal superior) se activa de forma diferente en personas egoístas y en personas altruistas. Según los investigadores, el comportamiento altruista depende más de cómo se ve el mundo que de cómo se actúa en él. En otras palabras, no sería que la gente es altruista por el refuerzo que significa sentirse bien por ayudar a alguien sino porque percibimos a los otros como parecidos a nosotros mismos. Según uno de los autores, Dharol Tankersley «*creemos que la habilidad para percibir las acciones de otras personas como cargadas de sentido, de significado, es fundamental para el altruismo*».

Price empezó a aplicar sus teorías matemáticas a su propia vida. Calculó que la posibilidad de que se le hubiera ocurrido la ecuación que lleva su nombre era de 1 en 10^{30}, por lo que era demasiado improbable. La respuesta, decidió, tenía que ser Dios y se dedicó, de manera compulsiva a compartir este descubrimiento, una demostración matemática de la existencia divina, con todo el mundo. Empezó a encontrar mensajes ocultos entre los versículos de la Biblia y se carteaba con creacionistas aunque seguía trabajando en modelos genéticos y en la evolución del sexo. Según sus obsesiones iban creciendo, puso en práctica sus nociones sobre el altruismo recíproco y la ayuda mutua. Dejó de tomar sus medicinas para el tiroides y prácticamente de comer y regaló todas sus posesiones a los borrachos y mendigos del Soho de Londres. Poco después, se suicidaba cortándose el cuello en un solar abandonado. Un triste final para alguien con una personalidad desequilibrada y una mente excepcional como en ocasiones encontramos entre los genios. Aristóteles, en su *Ética a Nicómaco* dice que los hombres sólo son buenos de una manera, malos de muchas. Y sin embargo, siento que hay muchas formas de ser bueno. Me parece hermoso que en lo más profundo de nuestros circuitos neuronales, la evolución nos grabó una orden y un premio, que deberíamos hacer el bien a los demás y que en nosotros mismos estaría la recompensa.

📖 PARA LEER MÁS:

- Biological Altruism. Stanford Encyclopedia of Philosophy. http://plato.stanford.edu/entries/altruism-biological/
- Dawkins (1976/2000) *El gen egoísta*, Salvat Editores., 2ª edición, Barcelona
- Moll, J. F. Krueger, R. Zahn, M. Pardini, R. de Oliveira-Souza y J. Grafman (2006) Human fronto-mesolimbic networks guide decisions about charitable donation. Proc. Natl. Acad. Sci. USA 103: 15623-15628.
- Okasha, S. (2010) Altruism researchers must cooperate. Nature 467: 653-655.

- Strassmann, J.E. Y. Zhu, D.C. Queller (2000) Altruism and social cheating in the social amoeba *Dictyostelium discoideum*. Nature 408: 965-967

Momias y papiros

Era la primera hora de la mañana en el mercadillo de Luxor, una barriada de Tebas. Los pescaderos colocaban primorosamente sobre una mesa de tablas la pesca de esa madrugada que brillaba como un puñado de joyas argénteas al sol. Los hortelanos colocaban sus frutas y verduras en pilas, preciosas, impecables en una orgía de colores, sabores y texturas. Aún estaban colocando la mayoría de los puestos pero los gritos, las bromas y los olores del mercado iban ya llenando la plaza y las callejuelas cercanas. Edwin Smith, un egiptólogo americano, caminaba con rapidez entre los puestos, parándose tan solo ante los que exhibían cachivaches y cosas viejas sobre una manta. A primera hora de la mañana el aire era fresco y limpio, no había tanta gente y, sobre todo, Smith sabía que «*el ave que madruga se come el gusano*». Si surgía algo, algún resto del saqueo de una tumba, cercano en el tiempo o perdido en la noche de los siglos, debía ser el primero en verlo. Otro extranjero podía arrebatarle la pieza o caer en manos de algún lugareño experto que hiciera que el precio se multiplicase hasta cantidades imposibles. Había que aprovechar la mañana de aquel día de 1862. De repente, Smith vio un grueso rollo de papiro. Examinándolo de cerca, vio con desánimo que estaba roto, faltaba una buena parte, pero no parecía una falsificación. Un buen artesano puede imitar con rapidez una figurilla de barro o una pequeña escultura pero llenar de jeroglíficos y escrituras más de cuatro metros de papiro, no es algo que cualquier falsificador tenga la paciencia ni la pericia de hacer. Un vistazo más cuidadoso mostró que escrituras de varias épocas se mezclaban en aquel papiro: diferentes tipos de letra, diferentes tipos de tinta, diferentes siglos.... Demasiado complicado. Quedaba una última prueba: si un falsificador se había tomado ese trabajo durante mucho tiempo el precio sería quizá exorbitante. Preguntó poniendo cara de indiferencia el precio de un par de vasijas y finalmente, como de pasada, del papiro. El precio era bajo, luego era auténtico. Probablemente había sido usado para recubrir algo, quizá una momia y para el vendedor era únicamente un envoltorio vacío, algo sin valor. Tras un breve regateo, Smith, enrolló el papiro y, feliz, marchó al hotel con él.

En su habitación, a solas, intentó descifrar algunas palabras: heridas, espadas, quizá el relato de alguna batalla. Como un libro al que le faltase la mitad de cada página, de cada línea, el papiro era una pesadilla de leer. Sin embargo, la

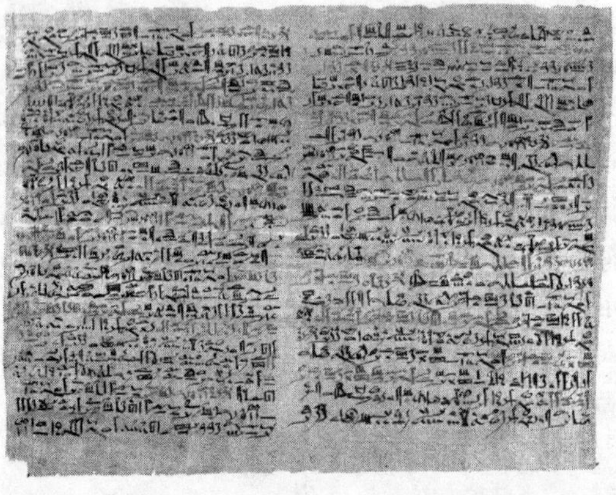

Partes VI y VII del papiro Edwin Smith.

vida a veces te sorprende con un giro inesperado, una sonrisa del destino. Los pequeños traficantes del mercadillo ofrecían, un par de meses más tarde, otro papiro a aquel extranjero que pagaba buen dinero por aquellos restos sucios y polvorientos. En aquel caso se trataba de una burda falsificación pero Smith vio con sorpresa que para confeccionar aquel pastiche y darle un poco de credibilidad habían usado partes de un papiro verdaderamente antiguo, trozos que faltaban a aquel que llevaba semanas intentando descifrar. Ni que decir tiene que compró aquel *collage* y que comprador y vendedores se separaron muy contentos, convencidas ambas partes de haber engañado a la otra y uno pensando que les habría dado cien veces la cantidad en dracmas que finalmente había pagado y los otros riendo pues se lo habrían dado en mucho menos de lo que finalmente habían recibido. Jamás se volvieron a ver.

Aunque parece que Edwin Smith consiguió al final de su vida entender mucho de lo que ponía aquel papiro, jamás publicó nada sobre él. Al poco de morir, en 1906, su hija donó el documento, conocido ya para siempre como el papiro Edwin Smith, a la Sociedad Histórica de Nueva York. Quince años más tarde, esta Sociedad encargó a un egiptólogo de la Universidad de Chicago, James Brestead, que lo descifrara y preparara su traducción. No era una tarea fácil y Brestead tardó diez años en publicar el documento traducido y anotado. Sin embargo, el resultado merecía la pena, era una pequeña bomba, añadía un primer capítulo a la historia de la Neurociencia. Para aquellos que pensaban que Alcmeón de Crotona era el primero que había hablado del cerebro en el siglo V antes de Cristo, de repente, bastantes siglos antes, un escriba desconocido, quizá un médico, decía que a través del cráneo se veía una masa arrugada, que estaba cubierto por unas telas que ahora llamamos meninges, que contenía un líquido en su interior que ahora llamamos líquido cefalorraquídeo.

El autor original del papiro Smith, pudo haber sido un médico militar que acompañaba al ejército del faraón en un momento indefinido entre los siglos XXVIII y XXIII a.C. Algunos han pensado que el autor fue Imhotep, médico y arquitecto del faraón Zoser, de tal renombre que fue divinizado posteriormente. Imhotep fue el primer arquitecto de una pirámide y su fama como médico fue tal que llegó hasta el mundo clásico, donde también se le divinizó y «refundió» con su dios local, Esculapio.

El papiro fue compilado en Egipto unos 2.800 años a.C y lo que conocemos es una copia hecha aproximadamente en el 1.600 a.C. El autor parece un cirujano y el papiro es un verdadero tratado de traumatismos recogiéndose un total de 48 casos, donde se habla de la historia del paciente, el examen que se le realiza, el diagnóstico de su estado, el pronóstico de su evolución y el tratamiento más adecuado. Los primeros 27 casos recogen lesiones y fracturas en el cráneo y rostro, una proporción muy alta pero comprensible si pensamos en soldados enfrentándose en una lucha cuerpo a cuerpo. El caso 6 es una herida tan grave que expone el cerebro tras penetrar el cráneo y las meninges y dice así:

> «*Si examinas a un hombre con una herida abierta en su cabeza, que llega al hueso, quebrando el cráneo y exponiendo* [la víscera] *de su cráneo, palparás su herida. Encontrarás esa materia en su cráneo* [como] *los*

pliegues que aparecen en el cobre [fundido] *en el crisol, y algo allí late y se agita como en la zona blanda de la cabeza de un recién nacido.»*

Este papiro contiene las primeras referencias conocidas a las estructuras cerebrales, así como los efectos causados por lesiones del cráneo o de la columna vertebral. Como el jeroglífico para «*cerebro*» es seguido normalmente por «*en el cráneo*», se ha sugerido que la primera denominación del cerebro sería algo así como «*la médula del cráneo*».

Entre los datos importantes que se recogen en el papiro Smith, es evidente que aquellos egipcios del Tercer Milenio antes de Cristo sabían que los síntomas de las lesiones del sistema nervioso pueden darse lejos del lugar dañado: hay ejemplos de dificultades en la coordinación ojo-mano y otros de problemas en el lado opuesto del cuerpo a la zona de la lesión en la cabeza. Entre la información que podemos

Una prótesis de un dedo del pie, tallada en madera, que pertenece al Tercer Período Intermedio Egipcio. El examen de la prótesis demostró que era usada habitualmente por su dueño en vida, y que no se trataba únicamente de un adorno funerario. [*Museo Egipcio de El Cairo*]

extraer de los casos descritos en este papiro encontramos la epistaxis y otorragia de las fracturas del cráneo, al igual que la rigidez de nuca, tetraplejia y hemiplejia, estrabismo y coma.

El papiro Smith es, de hecho, el primer tratado quirúrgico de la Historia. Su claridad y lucidez contrasta con lo que sucedía en el proceso de preparar el cuerpo del difunto para el mundo del más allá, su momificación. Para preparar el cuerpo para la nueva vida, la momia, tras una larga preparación era envuelta en un lino de gran calidad y encerrada en un estuche de lino y yeso pintado que a su vez se colocaba en un sarcófago de madera antes de introducirlo en la cámara de enterramiento.

Como en cualquier procedimiento humano había embalsamadores más cuidadosos que, por ejemplo, colocaban junto a la momia la placenta, un órgano reverenciado que había sido cuidadosamente conservado desde el nacimiento. Por el contrario, evidencias en otras momias muestran que algunos egipcios iniciaban su viaje a la eternidad faltándoles una pierna, el hígado u otras partes vitales mientras que otros tenían añadido algún extra: herramientas, trapos o partes del cuerpo de otra persona.

Para los egipcios, el cerebro era un órgano poco importante. El más importante era el corazón, donde residía el alma. Es sorprendente que aún sigamos dibujando corazones para indicar que estamos enamorados o utilizando expresiones como «*me partió el corazón*», «*te lo digo con el corazón en la mano*» para expresar sentimientos y emociones, algo que ahora sabemos que reside en nuestro cerebro. Los egipcios no distinguían entre tendones, arterias, venas y nervios y usaban la misma palabra, *metu* («canal») para todos ellos. Por lo tanto, para el retorno a la nueva vida era clave mantener abiertos los 26 canales del corazón en el proceso de momificación. También creían que el corazón guardaba todas las obras buenas y malas hechas cuando uno estaba vivo y por las que sería establecido su destino después de la muerte. Al poco de morir, tenía lugar la *«ceremonia de la apertura de la boca»*, un ritual en el que el muerto proclamaba su inocencia de cualquier acto punible que hubiera cometido a lo largo de su existencia o mencionaba algún aspecto sobre el que quisiera arrojar luz antes del día del juicio. En ese juicio, el corazón era puesto en una balanza frente a una pluma para ver si tenía el peso de la culpa y el mal o estaba libre de pecado. Durante el juicio, Anubis, dios de la momificación (normalmente representado con una cabeza de chacal) sujetaba la balanza mientras Thoth, dios de la escritura (normalmente con cabeza de ibis) registraba las respuestas del corazón a 40 cuestiones. Esta ceremonia de la balanza determinaba si el fallecido iría al cielo o sería devorado por una criatura mitológica parecida a un cocodrilo.

Sabemos más de la momificación por Herodoto que por los propios egipcios. Al preparar la momificación, el corazón se dejaba en su sitio porque era demasiado importante para separarlo del cuerpo y para que respondiera a las preguntas del juicio. El proceso de desecación para momificar un cuerpo tardaba aproximadamente 40 días mientras que se necesitaban otros 15-30 días para lavar, empaquetar, envolver y cubrir con óleos el cadáver. En las personas nobles, los órganos más importantes se guardaban en los vasos canópicos, unas jarras con unas tapas que representan frecuentemente a los cuatro hijos de Horus y allí se colocaban el hígado, los pulmones, el estómago y los intestinos. El cerebro, por el contrario, se trataba sin especial cuidado. Lo normal, según Herodoto, era extraer la mayoría del cerebro a través de los orificios nasales o la base del cráneo con un gancho de hierro y simplemente eliminarlo. El hueso etmoides, situado al final de la cavidad nasal y que separa el epitelio olfatorio del cerebro, se rompía con un pequeño cincel para facilitar al extracción de la materia cerebral. Más raramente se podía acceder al cerebro por la base del cráneo o por la órbita de un ojo. Los restos de tejido cerebral se eliminaban con un lavado con sustancias químicas y la cavidad craneal se rellenaba con tiras de lino embebidas en resinas. Se consideraba por tanto que el cerebro no era necesario para la vida futura y nunca se conservaba.

Los egipcios avanzaron también de una forma inusitada la Medicina y el alto grado de documentación, su afán de observación y registro, sus escritos y pinturas nos han permitido tener una idea bastante exhaustiva de sus conocimientos y procedimientos médicos. Junto a las evidencias en las momias y los registros paleográficos de la presencia de enfermos y enfermedades, los egipcios buscaban cómo tratar a estas personas, de qué manera devolver el cuerpo a su estado de salud. Un enfermo nunca fue alguien impuro o intocable sino alguien necesitado de ayuda, cuidado con interés y tratado con cariño. Herodoto visitó Egipto en torno al 450 a.C. y en sus escritos recoge que los médicos egipcios tenían distintas especialidades, estando algunos de ellos dedicados a las enfermedades de los órganos de los sentidos y la cabeza.

Otro importante documento es el papiro Ebers. Descubierto en la misma zona y época que el papiro Edwin Smith es un auténtico *vademécum* que comienza con la frase «*Aquí empieza el libro sobre la preparación de medicinas para todas las partes del cuerpo*». Contiene más de 900 prescripciones de las cuales algunas contienen ingredientes médicos activos. Sin embargo, otras 55 prescripciones contienen orina o heces, que en la actualidad pensamos que es más posible que causen un agravamiento de la enfermedad en vez de curarla. La lógica detrás de ese conjunto de tratamientos parecía ser hacer el cuerpo inhabitable, incómodo para los demonios que se consideraban causantes de la enfermedad. Es posible que entre éstas también estuviera la epilepsia, pues en el papiro Ebers se habla también de distintos tipos de temblores.

El papiro Ebers indica que tres tipos de personas se acercaban al enfermo: médicos, sacerdotes de Sekhmet y magos. Los límites entre estos tres grupos no son nítidos y alguna persona podía tener varias «*titulaciones*». Quizá no es tan diferente de la actualidad, donde además del cuidado médico, los enfermos buscan a menudo el consuelo, el apoyo o incluso los milagros de la religión y existen toda otra serie de personajes, de lo normal a lo estrafalario (periodistas, investigadores, farmacéuticos, curanderos, videntes...) que intervienen en la búsqueda de la salud, sobre todo de las personas ricas y famosas. Cerca de los grandes templos existían las llamadas Casas de la Vida donde se establecían y aprendían tratamientos, se estudiaban problemas legales y teológicos, se fijaba el calendario, se conservaban y copiaban los textos antiguos, se redactaban informes oficiales, etc. Eran hospitales pero también mucho más.

La información que nos ha llegado a través de los papiros egipcios no habla solo de los aspectos traumáticos, también hay referencias a trastornos psíquicos donde se describen casos de angustia y depresión. Un ejemplo precioso es el «*Diálogo con su alma de un hombre cansado de la vida*» que se encuentra en el papiro Berlín 3.024:

> «*la muerte está hoy ante mí*
> *como la curación de una enfermedad,*
> *como un paseo tras el sufrimiento.*
> *La muerte está hoy ante mí*
> *como el perfume de la mirra,*
> *como el reposo bajo una vela en un día de gran viento.*
> *...como un camino tras la lluvia*
> *...como un retorno a casa después de una guerra lejana...*»

Así, bastantes cientos de años antes de que Cristo anduviese sobre la Tierra, tenemos constancia de los primeros conocimientos sobre el mayor misterio del Universo, el cerebro humano.

PARA LEER MÁS:

- Costa, P. (1987) La enfermedad en el antiguo Egipto. En: *Historia de la enfermedad*. Albarracín Teulón, A. (ed.). Saned, Madrid.
- Finger, S. (1994) *Origins of Neuroscience. A history of explorations in to brain function*. pp.32-50. Oxford University Press, Nueva York.

El capitán América y la polio

El Capitán América es uno de los personajes más famosos de la factoría Marvel, uno de los principales superhéroes de los cómics del siglo XX. La poliomielitis, la polio, es una infección causada por un virus que ataca en algunos casos a las motoneuronas, a las células del asta anterior de la médula espinal que mueven los músculos del cuerpo y que a lo largo del último siglo causó la muerte o una grave parálisis a miles de niños en los países más desarrollados. Es también la enfermedad más mediática de la Historia, que cambió la imagen de los discapacitados y potenció la investigación biomédica hasta convertirla en una parte importante de la vida moderna.

Es interesante «jugar» con la comparación entre la historia ficticia del Capitán América y la historia real de la polio en el siglo XX. Ambos son un ejemplo de lucha y superación, de víctimas y sueros, de mezcla de política y ciencia, de éxito frente a la adversidad, de progreso y dilemas éticos. Es parte de nuestra historia, es también un trozo de nuestras vidas.

El Capitán América es uno de los primeros personajes de la Marvel. Vestido con los colores de la bandera americana y armado con un escudo indestructible, es uno de los héroes de la infancia de muchos de nosotros. Sus aventuras salían una vez al mes y se llegaron a vender más de un millón de ejemplares de cada número. En total, se publicaron más de 210 millones de cómics de sus aventuras en 75 países de los cinco continentes.

La historia del Capitán América es larga y discontinua. «Nace» en 1940. En el primer número de la larga serie de cómics, el protagonista Steven —Steve-Rogers, un joven débil y frágil, solicita incorporarse voluntario en el ejército. Aunque falta casi un año para el bombardeo de Pearl Harbor y la entrada de los Estados Unidos en la II Guerra Mundial, ya soplan vientos bélicos. Sin embargo, Rogers no es admitido. Su cuerpo no es apto, no tiene fuerza, es un discapacitado. En una película posterior se aclara el motivo: Rogers ha tenido la polio.

La polio es quizá la enfermedad más famosa del siglo XX. Estaba matando gente y dejando a niños paralíticos desde hacía miles de años pero en el siglo XX la situación se volvió trágica. Por primera vez, el patrón de la enfermedad se convirtió en epidémico. Mientras que antes se observaba un caso aislado, de repente decenas o centenares de niños en los países más avanzados empezaban a amanecer con el cuello rígido y dolores musculares. Muchos de ellos morían o quedaban discapacitados para siempre. La gente tenía pánico de que sus hijos, en pleno verano, fueran a piscinas, campos de deporte, colonias, a cualquier lugar donde pudiesen entrar en contacto con otro muchacho que tuviera la enfermedad. Además, muchos transmitían la enfermedad sin ningún síntoma, sin ni siquiera saber que estaban enfermos. La polio golpeaba de forma especial a los países más desarrollados, a las clases medias, a las viviendas donde se pensaba que la higiene, la buena alimentación, los buenos cuidados, protegían a nuestros hijos y evitaban que un enemigo invisible les robara la alegría, el futuro, la vida. La polio fue la principal causa mundial de parálisis de la historia y durante varias décadas la principal preocupación del mundo desarrollado en lo que concernía a las enfermedades infecciosas. La polio es una historia del último siglo, igual que el capitán América.

Según los comic, Steve Rogers nació el 4 de julio de 1917 en Nueva York. Justo un año antes, en el verano de 1916, hay una gran epidemia de polio que causa 27.000 muertos en los Estados Unidos. Las autoridades sanitarias de su ciudad, Nueva York, registran 8.900 casos y 2.448 muertos, el 80% niños menores de cinco años. Normalmente, la epidemia mata a un 5% de sus víctimas, pero por razones que aún se desconocen, aquel verano murió el 27% de las personas infectadas en Nueva York. Los habitantes de la Gran Manzana no saben qué causa la polio ni cómo se transmite. Echan la culpa al pescado, a las pulgas, a las ratas, a los gatos, a los caballos, los mosquitos, los pollos, a los gases tóxicos de la Gran Guerra en Europa emitidos por los tiburones en las costas, a la pasteurización de la leche, a la electricidad sin cables, a las ondas de radio, al humo del tabaco, a los gases de los escapes de los automóviles, a las barbas de los médicos y a los monos que tocan el organillo en la calle. Echan también la culpa a los padres por hacer demasiadas cosquillas a los niños y a las tarántulas por inyectar veneno en los plátanos que luego la gente da a los niños sin sospechar el peligro, el enorme riesgo. También se echa la culpa a los inmigrantes.

Los padres de Steve Rogers eran, siempre según sus historietas, inmigrantes irlandeses: Sarah y Joseph Rogers. En los años cuarenta del siglo XIX, los emigrantes irlandeses,

Cartel anunciador de una fiesta para recaudar fondos destinados a la lucha contra la parálisis infantil, su lema: «para que podamos bailar de nuevo», entre 1936 y 1939. [*Library of Congress*, Washington, D.C., USA]

huyendo de las hambrunas, habían sido acusados de traer el cólera a los Estados Unidos. A finales del siglo XIX habían sido los judíos los que fueron considerados sospechosos de ser la causa de la epidemia de la tuberculosis, una enfermedad que se asocia a los trajes y ropas que los judíos cosen en sus sastrerías. En la epidemia de polio de 1916, la culpa se le achaca a los italianos, considerados, como había sido el caso en todas las anteriores oleadas de inmigrantes, ejemplos de incultura, malos hábitos y suciedad. Joseph Rogers muere cuando Steve es solo un niño y su madre, Sarah fallece de neumonía cuando su hijo es un adolescente. En esa época, la gente moría de enfermedades claramente ligadas a la baja calidad de vida: mala alimentación, aire insalubre, ausencia de ejercicio, viviendas degradadas, y distintos tipos de organismos nocivos visibles o invisibles. La muerte por neumonía es algo muy frecuente entre los miles de personas afectados por la tuberculosis. Pero una buena alimentación y las mejoras de las condiciones de salubridad e higiene, disminuyeron considerablemente el número de personas afectadas por estas enfermedades infecciosas. No fue así en el caso de la polio que fue creciendo década a década. Sin embargo, los números nunca fueron lo que la gente creía. El peor año de la enfermedad en Estados Unidos, en 1952, hubo unos 57.000 casos de los que murieron 3.145 personas. Ese mismo año, en comparación, 24.000 personas murieron de tuberculosis y 46.000 de neumonía y gripe.

Aunque Rogers había sido rechazado por el ejército, el general Chester Phillips le ofrece participar en una operación secreta, denominada Operación ReBirth, volver a nacer. Para muchas personas, la polio fue el inicio de una nueva

Años después de que teóricamente acabara, la Gran Depresión mantenía algunos de sus efectos más perversos, afectando a los más desprotegidos. Dorothea Lange fotografió a esta madre amamantando a su pequeño, ambos refugiados en un campamento improvisado junto a la carretera de Oklahoma. (Blythe, California, 1936). [*Library of Congress*, Washington, D.C., USA]

vida, de la real, de la que llevarían hasta el final de sus días. Una nueva vida que iba unida a una discapacidad pero no por eso menos atractiva, con menos retos, menos esperanzas o ilusiones que la de alguien que no tuviera la enfermedad. En Estados Unidos, donde aproximadamente entre 300.000 y 400.000 personas fueron afectadas por la polio, los estudios demuestran que los supervivientes de la polio tenían, como media, mejor nivel de estudios, mejor situación económica y matrimonios más estables que el resto de la población.

Los niños con polio recordaban como lo más duro la falta de movilidad, no podían correr o bailar con sus amigos. El Capitán América, tras el suero milagroso, tiene una agilidad asombrosa e incluso consigue volar, un sueño de cualquier niño, probablemente más intenso si estás anclado a una silla de ruedas.

El nacimiento del Capitán América se debe a la ciencia. Este es el diálogo que se produce en el primer número del Capitán América con la creación del personaje.

> *Viñeta 1: Observen de cerca a este joven. Hoy se ha presentado para servir en el ejército como voluntario y ha sido rechazado por su mala condición física. Sus posibilidades de servir a su país parece que han desaparecido.*
>
> *Viñeta 2: Qué poco se da cuenta de que el suero extendiéndose por su sangre está construyendo rápidamente los tejidos de su cuerpo y su cerebro hasta que su estatura e inteligencia aumenten hasta un grado asombroso.*
>
> *Viñeta 3: Las personas en la habitación de observación no pueden creer la escena enfrente de ellos*
>
> *Observador 1: Pero... mira.*
>
> *Observador 2. Él, ... está cambiando.*
>
> *Observador 3: ¡Funciona! ¡funciona!*
>
> *Viñeta 4: Está funcionado. Hay poder surgiendo a través de esos músculos en crecimiento. Millones de células formándose a una velocidad increíble.*

El suero que le dan a Rogers se llama el suero Super Soldado, con la idea de que ayude al esfuerzo de guerra y luche contra las potencias del eje en la II Guerra Mundial. Los sueros son una de las herramientas que se están usando en esa época contra las infecciones. En la década de los veinte del siglo pasado se habían utilizado sueros a gran escala, sin resultados, en la lucha contra la polio. De hecho, algunas personas son seriamente dañadas con fuertes reacciones alérgicas y esta estrategia, el tratamiento con sueros, se abandona.

La fórmula del suero SuperSoldado empleada con Rogers mejora todas sus funciones metabólicas pero sobre todo previene la acumulación de fatiga en sus músculos, dándole una resistencia muy superior a la de cualquier otro ser humano. Los enfermos de polio muestran una atrofia muscular y un agotamiento de sus músculos. El cuerpo de Rogers también era capaz de eliminar el exceso de toxinas producidas por la fatiga en sus músculos, consiguiendo una enorme resistencia.

El suero SuperSoldado se le administra a Rogers tanto en forma de inyección como en forma oral. Los dos tipos de vacuna contra la polio que se han usado y se usan en el mundo, la inactivada de Salk y la atenuada de Sabin, se administraban de esas dos maneras. La de Salk se inyecta intramuscularmente y la de Sabin se daba por vía oral. Debido a los cambios en sus células, el cuerpo de Rogers empieza a deteriorarse y por un tiempo debe llevar un exoesqueleto. Los arneses ortopédicos que llevan las personas afectadas por la polio en las extremidades son también un tipo de exoesqueleto.

El científico que produce el suero milagroso que genera al Capitán América se llama Abraham Erskine, un típico nombre judío. Tres fueron los principales competidores en busca de la vacuna contra la polio: Albert Sabin, de la Universidad de Cincinnati, que llevaba tiempo trabajando sobre la polio; Jonas Salk, de la Universidad de Pittsburgh, un recién llegado a esta línea de investigación; y Hilary Koprowski, un investigador de los laboratorios Lederle, una empresa privada. Los tres eran hombres, los tres judíos y los tres con pasión, conocimientos y una cantidad notable de fondos para impulsar sus investigaciones.

El Capitán América pasa por distintos roles, iniciándose como héroe de la II Guerra Mundial donde cumple el sueño de todos los americanos, darle un puñetazo en la cara a Adolfo Hitler en el mismísimo Berlín.

El objeto más famoso del Capitán América es su escudo, que usa para defenderse y como arma arrojadiza. El escudo, forjado con una aleación indestructible de adamantium y vibranium es un fabuloso regalo del presidente Franklin D. Roosevelt. Roosevelt fue el trigésimo segundo presidente de los Estados Unidos y la persona más famosa del mundo que haya sido afectada por la polio. Se convirtió en presidente en marzo de 1933, en el momento más duro de la Gran Depresión. Fue reelegido, en un registro sin paralelos, tres veces. Era visto por gran parte de la población como una persona optimista con un gran carisma cuya confianza ayudó al pueblo americano a superar la atroz crisis económica durante su mandato, la Gran Depresión y los estragos de la II Guerra Mundial. Franklin Delano Roosevelt enfermó de polio de adulto y fue clave en la obtención de fondos para la lucha contra la polio, el apoyo a las personas enfermas y a sus familias y en la creación de una vacuna.

Al más puro estilo «Capitán América», el teniente FW «Mike» Hunter posa delante de una aeronave con la misma estrella que el superhéroe luce en el pecho y en el escudo que fabricó para él el experto en metalurgia Myron McLain. Mike era piloto del ejército de los Estados Unidos de América y estaba asignado, como piloto de pruebas, a la compañía de aviación Douglas en Long Beach, California (Alfred Palmer, 1942). [*Library of Congress*, Washington, D.C., USA]

En 1945, Roosevelt tenía 63 años de edad. Mientras que la guerra se acercaba a su fin, su salud se deterioró, y el 12 de abril de 1945, murió de una hemorragia cerebral en su sitio más amado, el balneario para personas con polio de Warm Springs, Georgia. No llegó a ver la victoria sobre los alemanes en la II Guerra Mundial, el mes siguiente, ni la victoria sobre la polio, diez años después.

Los años de la posguerra tras la II Guerra Mundial son considerados una época feliz en los Estados Unidos. Es una época de prosperidad, de mejora en los niveles educativos y sanitarios, aparece mucha clase media, se desarrollan las urbanizaciones, donde la gente vive en su casa propia, tienen un jardín donde hacen barbacoas, la casa se llena de electrodomésticos y en la entrada hay siempre uno o dos coches. Hay también nuevos miedos como el comunismo o la Guerra nuclear y un miedo antiguo, la polio. En esos mismos años, el archienemigo del capitán América, *Red Skull* «Calavera Roja» ha cambiado su vasallaje de los nazis a una potencia de color más «coordinado», la Unión Soviética. Los «malos» ahora son otros.

Al igual que la polio, el capitán América desapareció a mediados de los años 1950. Pero también, los dos volverían. En el año 1964, el capitán América retorna a los kioskos, explicando que al final de la Guerra, había caído en el Atlántico Norte desde un avión experimental y pasado encerrado esos años en un bloque de hielo en animación suspendida. En su vuelta, el Capitán América está «*perseguido por memorias del pasado, y tratando de adaptarse a una nueva sociedad.*» En el caso de la polio, los pacientes y sus médicos consideraban que era una enfermedad que tenía una fase aguda, y tras causar mayor o menor daño, se producía un periodo de lenta mejoría tras el cual la condición de la persona afectada se estabilizaba, no mejorando ni empeorando en los siguientes años o décadas. En los años setenta del siglo XX se publica que se han observado síntomas recientes en personas que

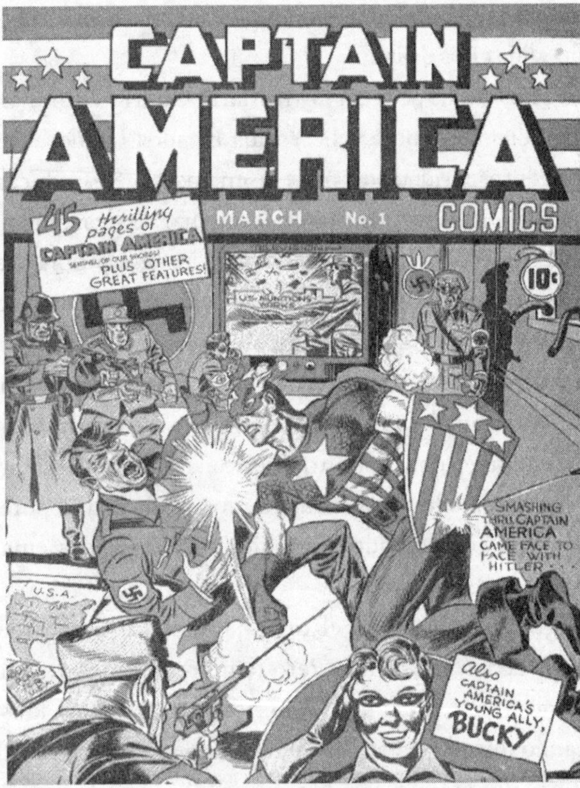

Número 1 del comic del Capitán América (de Timely Comics), de marzo de 1941, el debut del superhéroe atizando al que por entonces era su mayor enemigo (por Jack Kirby, ilustración, y Joe Simon, tintas). [© Marvel Comics, subsidiaria de The Walt Disney Company]

sufrieron polio décadas atrás. Es la primera descripción de algo totalmente inesperado, que puede haber no una recaída, sino nuevos síntomas, gran cansancio, dolor en los músculos y las articulaciones, sensibilidad al frío, fatiga en las extremidades, dificultad para tragar o para respirar y ocasionalmente deformaciones del esqueleto en personas que sobrevivieron a la polio. Se acuña un término «Síndrome postpolio» y se declara como entidad clínica genuina.

En 1955, el primer año de la vacunación masiva contra la polio aparecen niños que han desarrollado la polio siendo contagiados por la misma vacuna que supuestamente les iba a proteger. Esas dosis estaban fabricadas por una empresa farmacéutica de California, Laboratorios Cutter. Un senador de Oregón declaró «*El gobierno federal inspecciona la carne en los mataderos más cuidadosamente de lo que examina la vacuna contra la polio proporcionada por las compañías farmacéuticas a los padres de todo el país para ser inoculada a sus niños y niñas*». Un congresista demócrata, Arthur Klein, señala que «*un político muy muy prominente de California ha presionado a Sanidad*» para que se apruebe de urgencia la vacuna de Laboratorios Cutter. El político californiano al que se acusaba era Richard Nixon, vicepresidente entonces de los Estados Unidos. En un cómic publicado en 1974, el superhé-

Albert Sabin trabajando en el laboratorio. [Sabin Archives at U. Cincinnati]

roe del traje azul lucha contra el Imperio Secreto, una organización criminal comandada por Número Uno, quien hacía referencia, sin citarlo abiertamente, a Richard Nixon.

En 2003 se publica una nueva variante de la historia del Capitán América donde surge una nueva perspectiva. La Operación ReBirth sería fruto de una colaboración científica entre los propios Estados Unidos y la Alemania nazi. El investigador que queda a cargo del programa americano se llama Joseph Reinstein. Trata de reconstruir el suero del «SuperSoldado» y para eso hace pruebas en trescientos soldados afroamericanos. Solo cinco sobreviven y finalmente los supervivientes son asesinados, junto con el director del campamento de entrenamiento y otros cientos de soldados negros para encubrir toda la operación. Esta última historieta se llama *Truth* («Verdad»). Es un recuerdo directo a Tuskegee, Alabama donde se realizó un estudio sobre la sífilis en personas de raza negra que se utilizaron de una forma miserable como conejillos de Indias. Se reclutó un grupo de 399 jornaleros negros enfermos de sífilis para estudiar el desarrollo de la enfermedad. A pesar de que en los años 1940 quedó clara la eficacia de la penicilina contra esta enfermedad venérea, las personas reclutadas en Tuskegee no fueron tratadas durante décadas y fueron engañadas por el personal médico que hacía su seguimiento, haciéndoles creer que sí se les estaba intentando curar, con objeto de no perder sujetos de estudio. El único soldado sobreviviente en el comic se llama Isaiah Bradley que se convertirá en el primer Capitán América de raza negra, al sustituir a Steve Rogers en una misión. Bradley descubre a judíos en los campos de concentración alemanes también como sujetos de experimentación.

Una fotografía para la historia, la Conferencia de Crimea. El primer ministro Winston Churchill, el presidente Franklin D. Roosevelt, y el mariscal Joseph Stalin en el Palacio de Yalta (1945). Salvo dos, las miles de fotografías de Roosevelt le muestran sentado, nadando o firmemente apoyado en un atril, una barandilla u otro objeto. Sus piernas afectadas por la polio no eran capaz de sostenerle en pie. [*Library of Congress,* Washington, D.C., USA]

Tuskegee también tiene un papel en la historia de la polio. Hasta la II Guerra Mundial todas las instituciones de tratamiento de la polio eran para blancos. Incluso en Warm Springs, donde una parte de la población era negra y la mitad de los empleados del balneario era negra, los negros no eran admitidos como pacientes. En mayo de 1939, se conceden 161.350 dólares, para la construcción de un edificio y contratación de plantilla para la creación de un centro contra la polio para personas de color. Sí, en Tuskegee. Este nuevo centro «*proporcionará el tratamiento más moderno para las*

El presidente Richard Nixon frente a la audiencia en la reunión del 20 aniversario de la OTAN (Auditorio del Departamento de Estado Interdepartamental, Washington, DC, 1969). [*Library of Congress*, Washington, D.C., USA]

víctimas de color con parálisis infantil» y *«formará médicos y cirujanos negros para el trabajo ortopédico así como fisioterapeutas y enfermeras expertas en ortopedia»*.

Tras ser el azote de los comunistas durante la Guerra Fría, el capitán América se dedica, en la última época, a luchar contra la pobreza, la contaminación y el racismo. El último ejemplo de esta adaptabilidad es verle en una de las últimas historietas como defensor de los valores occidentales tras el atentado del 11-S. En ese cómic, que sucede un domingo de resurrección, se ve al Capitán en una ciudad del Medio Oeste donde la mayoría de los habitantes están en misa y se produce un ataque por terroristas islámicos.

Steve Rogers muere en diciembre de 2007 . Ese año se consigue el número más bajo de contagios de la polio que ha habido nunca pero no se consigue erradicar la enfermedad. Cuando el Capitán América muere, Joe Simon uno de sus cocreadores dice: «*Era un momento fatal para que se marche. Ahora le necesitamos realmente.*» Ahora necesitamos el último impulso para acabar con la polio de una vez. Y su mayor enemigo, es también americano pero no es musculoso ni lleva un escudo, se llama Bill Gates y ha conseguido lo que muchos gobiernos no han podido o ni siquiera han intentado: convencer a la gente que acabaremos con la polio porque podemos hacerlo.

La creación del Capitán América y la lucha contra la polio comparten un mensaje: en los dos casos se muestra un ejemplo de superación a través de la ciencia, de mejora de las condiciones de las personas por la investigación. En los dos casos hay también un símbolo de la debilidad de la nación, en la última fase de la Gran Depresión y cómo se puede salir de ella gracias al esfuerzo, al sacrificio, al conocimiento científico, a la innovación tecnológica, al compromiso con los más débiles, a la solidaridad y el trabajo conjunto. Y a mí me ha hecho revivir aquellos años felices con Thor, el Hombre de Hierro, Spiderman y, sí, el capitán América.

Un buen puñado de héroes de Marvel Comics Group (1967).

El miembro fantasma

Tengo una amiga, profesora universitaria a la que quiero y admiro, que cree en fantasmas. Para mí es algo sorprendente, que afronto con curiosidad, escepticismo y cariño. Quizá todos hemos sentido *«presencias»*, sombras, alguien soñado que parece girar una esquina y cuando corremos a encontrarle, ya no está. Pero hay un tipo de fantasma en el que sí que creo: los miembros fantasma. Se usa ese término para referirse a las sensaciones (dolor, picores, frío o calor, cosquilleo, «presencias completas») que experimentan algunas personas en un miembro que ha sido apuntado; el brazo o la pierna ya no está y, sin embargo, la sensación irrumpe con fuerza en su psique. El dolor fantasma crónico es un fenómeno clínico que experimentan hasta dos tercios de las personas a las que se les ha amputado un miembro. En algunos casos llega a ser tan grave, profunda y continua la sensación de dolor, que estos pacientes contemplan seriamente la posibilidad de suicidarse.

Se piensa que la sensación de «miembro fantasma» tiene que ver con la persistencia en el cerebro de las zonas motoras y sensitivas dedicadas a ese miembro, con las posibles conexiones aberrantes desde regiones cerebrales vecinas que invaden los lugares sinápticos inactivos, y con la generación de señales autónomas cerebrales para intentar mantener un mapa coherente, completo, del organismo. Por decirlo más claro, el problema de la sensación fantasma no estaría en los nervios periféricos próximos al muñón, sino en la propia corteza cerebral. Algunos tratamientos usados, como cauterizar o seccionar quirúrgicamente los nervios del muñón, o incluso acupuntura, resultaron ineficaces, puesto que lo que sucede realmente es un proceso de plasticidad neuronal en el propio cerebro. Según Vilayanur S. Ramachandran, un famoso neurocientífico de origen hindú que trabaja en California,

> *«se basa en la idea de que existe un mapa completo de la superficie del cuerpo en la superficie del cerebro. Así, cada punto de la superficie corporal se corresponde con un punto del cerebro. Lo curioso de este mapa es que, aunque es continuo, el área de la cara está en el mapa justo al lado del área de la mano, en vez de junto al área del cuello.»*

Ramachandran sugiere que cuando se amputa un brazo, la zona cerebral que localiza las sensaciones de esa extremidad las pierde y «ansía» recibir nuevas conexiones. Entonces las zonas adyacentes, por ejemplo el área del rostro, invadirían el territorio del área de la mano y tocando la cara se producirían sensaciones en lo que era el área de la mano; es precisamente ese desajuste el que produciría el dolor o la sensación de un miembro fantasma.

Hace poco leí una historia que me hizo recordar los miembros fantasma y trajo a mi memoria gratos recuerdos:

la buena poesía, el avance de la ciencia entre los desastres de la guerra, la amistad, la bondad... Aquí va la historia:

El término «*fantasmas sensoriales*» aplicado a los miembros amputados fue descrito por primera vez en 1551 por Ambroise Paré, un pionero de la cirugía y las prótesis. Su paciente se quejaba de que seguía sintiendo el miembro perdido como si todavía existiera. También René Descartes describió un caso de miembro fantasma. Sin embargo, quien le dio verdadera categoría científica fue un médico norteamericano llamado Silas Weir Mitchell. Mitchell era un neurólogo, «un doctor de los nervios» en el Hospital Turners Lane de Filadelfia, y, con más de ciento cincuenta publicaciones, muchas de ellas basadas en lo que vio en los soldados heridos de la Guerra Civil norteamericana, se le considera el fundador de la Neurología americana. Después de la batalla de Gettysburg, numerosos soldados heridos fueron llevados a Mitchell para que los tratara. El Hospital de la Calle Sur de Filadelfia recibió tantos mutilados, que los soldados lo llamaban directamente «Hospital Muñón». A diferencia de otros muchos médicos, Mitchell sí creyó las extrañas descripciones de los soldados con amputaciones. Según sus anotaciones, de 90 mutilados que trató, 86 desarrollaron «fantasmas sensoriales» poco después de la pérdida de la extremidad. Se puso a describir una serie de variantes de estas impresiones: algunos pacientes sentían esos miembros como irreales, mientras que para otros eran auténticos; a algunos les generaba dolor y a otros, no. Mitchell escribió:

> «*Solo un 5% de los hombres que sufrieron una amputación nunca tuvieron la sensación de que esa parte*

Ilustraciones de la producción teatral de James Matthew Barrie, *Peter Pan*. Peter Pan es el nombre del personaje central de la obra de teatro, que se estrenó en londres el 27 de diciembre de 1904. Según el relato de Barrie, Peter es un niño que no quiere crecer y que convive con otros niños —los «niños perdidos»—, en el país de Nunca Jamás, una isla llena de piratas, indios, hadas y sirenas; y donde se viven aventuras fantásticas durante toda la eternidad. En el grupo de personajes que aparecen en la fantástica ilustración de Frank Gillette, se encuentra su archiconocido enemigo, Hook, el capitán de los piratas, llamado popularmente «Capitán Garfio», por la terrible prótesis que luce en lugar de su mano derecha. [*Beinecke Rare Book and Manuscript Library, Yale University*, New Haven (Connecticut), USA]

de su cuerpo estaba todavía presente. Del resto, hubo unos pocos que al cabo de cierto tiempo llegaron a olvidar el miembro perdido, mientras que el resto mantenía una sensación de su existencia que era más vívida, definida e intrusa que la del otro miembro realmente vivo».

Mitchell describió muchos detalles de los miembros fantasma, como que los fantasmas eran típicamente incompletos y que el miembro imaginado solía sentirse más corto que el miembro real. También vio que la sensación podía ser desencadenada por numerosas actividades, como un bostezo, un roce, o los cambios en la dirección del viento. Mitchell también anotó que colocar una prótesis en el muñón podía afectar al fantasma e incluso estimular sensaciones fantasma en soldados cuyo sensación del miembro invisible había desaparecido previamente.

En el interés casi mágico de Mitchell por los miembros fantasma tuvo mucho que ver un hombre al que conoció durante la guerra. Se llamaba Walt Whitman. En el invierno de 1862, en el momento más sangriento de la Guerra de Secesión, Whitman viajó a Virginia en busca de su hermano, herido en la batalla de Fredericksburg. Cuando llegó, hacía pocos días que la batalla había terminado y pudo ver «*dónde la sangre preciosa enrojecía la hierba hasta el suelo*». Encontró el hospital de campaña del ejército de la Unión, un conjunto de tiendas rodeadas por tumbas recién cavadas donde los nombres de los muertos se garabateaban en tablas de barril, en trozos de tablero clavados en el barro. En una carta, Whitman le describió a su madre «*la montaña de pies,*

Al fondo de la ilustración, el Seminario de Gettysburg, también utilizado como un hospital de campaña, durante y después de la feroz batalla de Gettysburg (Alfred Rudolph, 1 de julio de 1863). [*Library of Congress*, Washington, D.C., USA]

Entre el 1 y el 3 de julio de 1863 tuvo lugar la Batalla de Gettysburg (Gettysburg, Pensilvania), durante la Guerra Civil Estadounidense (1861-1865). Fue una gran victoria para el Ejército federal y desastrosa para la Confederación. Se congregaron más de 150.000 soldados, 83.289 por parte unionista y 75.054 por la parte confederada, la cifra más alta alcanzada en suelo americano. 22.140 hombres de La Unión perdieron la vida, y por parte de la Confederación, las bajas fueron de 30.750 soldados. (Grabador: John Sartain, artista: Peter Frederick Rothermel, 1872). [*Library of Congress*, Washington, D.C., USA]

brazos, piernas, etc., bajo un árbol a la entrada del hospital». Whitman se quedó allí durante tres años, dedicándose a coser heridas, a agarrar las manos de los soldados, a hacerles limonada, a comprarles helados, ropa interior y cigarrillos. En ocasiones, incluso les leyó poesía. Mientras los médicos curaban sus heridas, él sanaba sus almas.

Whitman recuerda en su diario cómo algunos días llegaban más de mil heridos. En su poema «*The Wound-Dresser*» (El que venda las heridas) describe los cuerpos desechos que veía cada día en el hospital:

> «*Del muñón del brazo, la mano amputada,*
> *retiro la venda coagulada, quito la piel muerta, lavo el pus y la sangre.*
> *Apoyado en la almohada, el soldado se arquea con el cuello doblado y la cabeza caída a un lado.*
> *Con los ojos cerrados y la cara pálida, no se atreve a mirar el muñón ensangrentado.*
> *Aún no lo ha mirado.*»

Whitman atiende a heridos de los dos bandos, recuerda la valentía de alguno de los «rebeldes», presencia la entrega de una bandera que un muchacho sureño de 17 años había llevado hasta los cañones de los unionistas con la intención de inutilizar uno de ellos con un madero. Y el chico terminó muriendo.

Allí, Whitman empezó a oír a algunos soldados que continuaban «*sintiendo*» el brazo o pierna que habían perdido, a menudo con un dolor que no se extinguía. Los pacientes decían que era como vivir con fantasmas, que su propia carne herida había vuelto de la muerte para perseguirles y acosarles, para reclamarles por el daño causado.

Mitchell y Whitman se hicieron verdaderos amigos. Durante la mayor parte de sus vidas, intercambiaron una densa correspondencia en la que se mezclaba su amor por la literatura con las historias médicas. De hecho fue Weir Mitchell quien en 1878 le diagnosticó a Whitman una hemorragia causada por la rotura de un aneurisma cerebral y le prescribió como tratamiento «aire de montaña». Más tarde, Mitchell mantuvo económicamente al poeta durante más de dos años, enviándole dinero cada mes.

Y un guiño más de la Literatura a la Medicina. Mitchell no fue realmente el primer estadounidense que describió el miembro fantasma. Doce años antes, Herman Melville había publicado su gran obra, *Moby-Dick*. Al capitán Ahab, patrón de la Pequod, le faltaba una pierna, que precisamente se había comido Moby Dick, la ballena blanca. En el capítulo 108, Ahab llama a un carpintero para que le haga una pierna ortopédica de marfil. Ahab le dice al carpintero que todavía siente su pierna amputada «*invisibly and uninterpenetratingly*». Su pierna fantasma es como un «falsario, un maniquí». «*Mira,* —le dice Ahab— *pon tu pierna viva aquí en el lugar donde estaba la mía; así, ahora hay solo una pierna clara para el ojo, pero hay dos para el alma*».

El neurocientífico Ramachandran enseña a los pacientes a «*olvidar*» el miembro fantasma utilizando un espejo vertical. Los pacientes ponen a un lado su brazo normal y en el espejo ven el miembro perdido, como si hubiera vuelto (es, claro, el reflejo de la extremidad existente) y entonces les pide que piensen que ordenan un movimiento a su miembro desaparecido y que ejecuten lo mismo en su miembro sano.

> *«Si el paciente empieza a mover su mano, diciendo adiós o dirigiendo una orquesta, ve el reflejo de su mano normal superpuesto en el fantasma, moviéndose al ritmo de la orden enviada al brazo fantasma.»*

Así, aunque los pacientes saben que su brazo amputado no ha vuelto, son capaces de engañar a su propio cerebro y perder los dolores porque el cerebro sí asume que el brazo perdido ha retornado y está volviendo a recibir órdenes. Uno de los pacientes contaba después de entrenarse con el espejo vertical frente a su nariz:

> *«Cuando muevo mi mano normal, el brazo fantasma parece que se estuviera moviendo. Cuando abro el puño, mi mano fantasma, cuyo puño no he podido abrir desde hace meses, de repente `nota que se abre´ por lo que la vista le dice y el calambre doloroso que sentía, desaparece.»*

El libro de Melville está basado en un relato de un oficial estadounidense que describe el enfrentamiento entre varios balleneros y un cachalote albino llamado Mocha Dick. En la cultura mapuche, cuatro ballenas llevan el alma de los muertos hasta la isla de Mocha, para embarcarse en su viaje final. El trabajo de Mitchell quedó en el olvido. Solo William James, primer catedrático de Psicología de Harvard, siguió con aquella hipótesis de los miembros fantasma que parecía combinar la ciencia con lo sobrenatural. James envió una

Walt Whitman y su amigo, soldado «rebelde», Pete Doyle. Whitman está con los brazos cruzados sobre el pecho, mirando a Doyle. Según el biógrafo Reynolds, Peter Doyle pudo ser el gran amor de Whitman. Doyle era por entonces conductor de ómnibus, se conocieron casualmente en 1865 y fueron inseparables durante muchos años. Parece ser que en sus notas, Whitman ocultaba las iniciales de Doyle usando el código «16.4». Curiosamente Peter Doyle murió en la mañana del viernes del 19 de abril 1907, en el Hospital St. Joseph, también en Filadelfia y fue enterrado en el Cementerio del Congreso de Washington. [*Library of Congress*, Washington, D.C., USA]

encuesta a cientos de mutilados para intentar saber más sobre el miembro perdido y las sensaciones que perduraban. Una de las preguntas era *«¿Puede, imaginando con fuerza que lo ha movido, sentir realmente que lo hubiera trasladado a una posición distinta?»* Es muy parecido a lo que Ramachandran hace en la actualidad con la ayuda de un espejo. Las respuestas fueron sumamente heterogéneas, lo que hacía difícil encontrar pautas generalizables. Volviendo ahora de la Medicina a la Literatura, William James, tenía un hermano novelista, Henry James. Henry escribió en *English Hours «Hay una presencia en lo que falta»*. ¿Hablaban todos de lo mismo?

PARA LEER MÁS:

- Finger, S. (1994) *Origins of Neuroscience*. Oxford University Press, Nueva York. pp. 151-152.
- Lehrer, J. (2007) Walt Whitman. The substance of feeling. En: *Proust was a neuroscientist*. Houghton Mifflin, Nueva York, pp. 1-24.
- http://www.npr.org/2011/02/14/133026897/v-s-ramachandrans-tales-of-the-tell-tale-brain

Silas Weir Mitchell (1829 - 1914) fue un médico y escritor estadounidense. Nació en Filadelfia (Pennsylvania) y estudió en la Universidad de Pennsylvania.Recibió el grado de doctor en medicina en el Jefferson Medical College en 1850. Durante la Guerra Civil se hizo cargo de las lesiones nerviosas y enfermedades y al final de la guerra se convirtió en un especialista en neurología.

Monos y principios morales

Los temas híbridos como el enunciado de este capítulo, suelen ser al mismo tiempo atractivos e incómodos. Todos queremos salir de los límites estrictos de nuestra disciplina, asumimos que este hibridaje puede ser creativo y fructífero pero nos sentimos en terreno poco sólido, en hielo fino, cuando hablamos con gente que utiliza otra jerga y cuyas referencias no son las nuestras.

Los científicos asumimos que nosotros trabajamos con datos y los colegas de las Humanidades, pensamos, dan más peso relativo a las opiniones, lo que no deja de ser algo sesgado y, probablemente, falso. Creemos que nuestro mundo es objetivo y el suyo subjetivo, pero ninguna de las dos visiones es cierta, nuestra objetividad es presumible y está marcada por las trayectorias personal y colectiva. Su subjetividad se consolida con el contraste, la experiencia, la razón y se va objetivando, al menos para la mayoría inteligente.

Un punto clave sobre la naturaleza humana es la consideración del hombre como especie biológica y qué nos acerca y qué nos separa de las demás especies animales. Igualmente, es interesante la descripción de rasgos «superiores», «morales», «humanos» en otras especies más o menos próximas a nosotros. David Hume hablaba de la existencia en el hombre

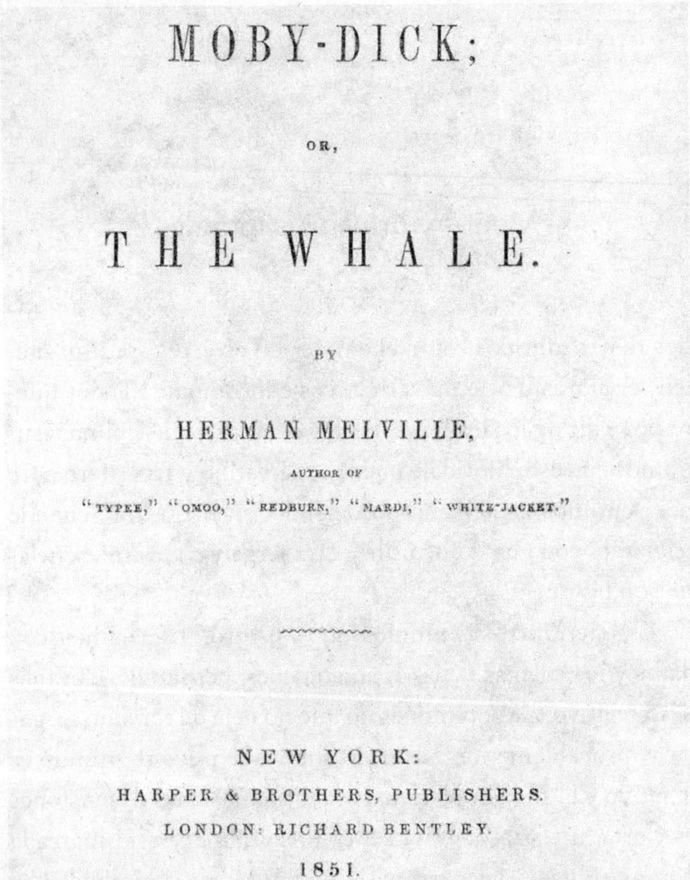
MOBY-DICK;

OR,

THE WHALE.

BY

HERMAN MELVILLE,

AUTHOR OF

"TYPEE," "OMOO," "REDBURN," "MARDI," "WHITE-JACKET."

NEW YORK:

HARPER & BROTHERS, PUBLISHERS.

LONDON: RICHARD BENTLEY.

1851.

Frontis de la obra *Moby-Dick*.

y otras especies de «*sentimientos morales*», de la tendencia a ayudar a otros, a evitar herir a otros, a corresponder a la amabilidad y al cariño. Los principios morales (si algo así existe) de nuestra especie, este mamífero primate con pelo muy fino, han sido motivo de discusión entre científicos y humanistas desde los tiempos de Darwin. El propio

Darwin, sin embargo, lo incorporaba con naturalidad en sus teorías. Consideraba que existía una similitud entre nuestras emociones y las de los demás primates. No era algo característico de nuestra especie sino una prueba más de la continuidad filogenética, de la hermandad entre todos los seres vivos.

Existe un latigazo especial en la columna vertebral cuando te miras en los ojos de un mono y también cuando observas sus manos. Somos nosotros y no somos nosotros. Frans de Waal, un primatólogo holandés que ahora trabaja en Estados Unidos, ha mostrado vídeos que demuestran que cuando se enseña una película de un chimpancé bostezando a otro chimpancé, éste también lo hace. Lo ha llamado «*contagio motor*». Los ratones muestran «*contagio emocional*» y responden, asustados o agresivos, al dolor aplicado a otros ratones. Después de una pelea, los chimpancés se besan y

El Azul y el Gris en Gettysburg. Dos veteranos sentados en los escalones, estrechan sus manos, ya temblorosas. Aunque se recuerde, es bueno perdonar. (Gettysburg, Pennsylvania, 1913). [*Library of Congress*, Washington, D.C., USA]

se abrazan, hacen lo que a nuestros ojos es claramente una reconciliación. Cuando dos chimpancés no consiguen reconciliarse por su cuenta se ha visto a una hembra vieja acercar el uno al otro, aproximarlos buscando el contacto físico, hasta que lo consigue. Se supone que estos mecanismos son formas en las que un animal puede compartir la experiencia de otro, y también ponerse en su lugar. Es tan sencillo, tan complejo y tan hermoso, pensar en un chimpancé intentando mediar, calmar, reencontrar. A veces, nosotros no somos capaces de hacerlo.

Los monos también muestran un comportamiento «prosocial»: Un experimento consistía en dar a elegir al animal entre un objeto que tenía una recompensa para él y otro mono u otro objeto que sólo tenía la recompensa para él. El mono prefería de una manera estadísticamente significativa que el premio fuera para los dos, especialmente si tenían algún parentesco entre sí. La conclusión del investigador fue que «*los monos se preocupan por los demás*». No sé si se preocupan, pero muestran saber que existe un «otro» y que sus deseos, sus emociones, incluso sus sentimientos, son parecidos a los suyos. La famosa regla dorada, trata a los demás como quieres que te traten.

Los chimpancés viven en grupos organizados y frecuentemente comparten la comida y se cuidan unos a otros. Pero son como nosotros, unos son más generosos y otros, menos. De Waal vió que los más generosos eran invitados más frecuentemente a compartir el botín de una expedición de caza. Por el contrario, los más «tacaños» eran rechazados agresivamente si se querían unir al convite. Este sistema de reciprocidad no era afectado por el estatus individual de cada animal.

Según De Waal aquellos que no cumplen con las obligaciones grupales son castigados y «con la reciprocidad y la obligación nos acercamos mucho a tener derechos y el concepto de juego limpio no está mucho más allá.»

Para estudiar estos temas de las relaciones sociales, la justicia y el juego limpio, en humanos se utiliza un experimento llamado el Juego del Ultimátum. Hay dos participantes: uno tiene una cantidad de dinero y debe hacer una oferta al otro. Si la oferta es aceptada, los dos se reparten el dinero; si no, los dos lo pierden. Por ejemplo, si la oferta es mitad y mitad, los dos aceptan, pero si es 80%-20% es probable que el segundo no quiera, aunque eso supone perder su 20%. Un estudio reciente de Ingvar y su grupo ha mostrado que el rechazo no es únicamente un tema cortical, no sería una decisión plenamente consciente, sino que es algo más rápido, de tipo emocional y donde el área clave es el sistema límbico y, en especial, la amígdala. Una región más primitiva de nuestro cerebro castiga y se enfrenta al que propone algo injusto.

Mi experimento favorito de De Waal es uno en el que se entrenaba a monos capuchinos a realizar un test sencillo cuya recompensa era un trocito de comida: un pedazo de pepino. Ocasionalmente cambiaban la recompensa por algo más dulce y atractivo, mucho más tentador, una uva. Se ponía a dos monos juntos a hacer el mismo experimento, de manera que se veían entre sí. Si los dos monos eran premiados con pepino, les gustaba hacer el test y lo repetían siempre que se les proponía. Son como nosotros, les gusta la novedad, la competencia, los retos, resolver un enigma. Pero si uno de los dos monos empezaba a recibir uvas como recompensa y el otro seguía con los trozos de pepino, el que recibía pepino miraba asombrado, luego se enfadaba y tiraba el trozo de comida (de hecho se lo tiraba al experimentador) y finalmente se iba a una esquina de la jaula y se negaba a hacer más tests. Así que los monos también quieren un juego limpio, las mismas reglas de juego, justicia y equidad, ser tratados con igualdad. Así que algunas virtudes como el compañerismo, la empatía, la búsqueda de la ecuanimidad, la preocupación por el débil, no son exclusivas de los humanos sino algo presente en nuestros genes, desde antes de que nos separásemos de otras especies de primates. Sentirnos unidos a otros seres, formar vínculos es lo que nos hace más felices. Algo que surge de lo más profundo de nosotros mismos y nos ayuda a ser una tribu un poco mejor. No está mal. No está nada mal.

🕮 PARA LEER MÁS:

- Gospic K, Mohlin E, Fransson P, Petrovic P, Johannesson M, Ingvar M. (2011) Limbic justice-amygdala involvement in immediate rejection in the ultimatum game. PLoS Biol. 9(5):e1001054.
- Holmes, B. (1996) Chimps rise above law of the jungle. New Scientist 2017: 10.

Una manzana mordida y la inteligencia artificial

«Solo podemos ver un poco por delante de nosotros, pero desde ahí podemos ver la cantidad de cosas que faltan por hacer.»

En 1926, un niño de 14 años empezaba el curso en un nuevo Instituto en Dorset, Inglaterra, cuando se enteró de que se había convocado una huelga general. Los mineros se habían opuesto frontalmente a un proyecto de la patronal de aumentar los beneficios reduciéndoles el sueldo y aumentando la jornada de trabajo y convocaron aquella huelga con el lema «*ni un penique menos de paga, ni un segundo más de jornada*». El muchacho, llamado Alan Turing, decidió realizar el viaje, unos 100 kilómetros, usando su bicicleta y durmiendo a mitad de camino para estar a primera hora cuando abrieran las aulas de la Sherborne School. Era una señal de una calidad como deportista que le llevó a correr maratones en tiempos cercanos a los de los mejores deportistas de su época y de su determinación para llegar a cualquier destino, a pesar de las dificultades y las convenciones sociales de la época.

Aunque Sherborne School era un magnífico colegio, Alan no encajaba mucho en aquella institución, donde se valora-

Alan Turing.

Una de las máquinas de Turing, la «*Bombe*».

ban sobre todo los clásicos y las humanidades. A él, le encantaban las ciencias y las matemáticas. El director del colegio escribió a sus padres indicándoles que si asistía a aquel centro era para ser *educado*, si solo pretendía ser un técnico, un especialista, un científico, allí estaba perdiendo el tiempo.

Turing, que conseguía superar a duras penas su aburrimiento por las letras, se enamoró de un compañero, Christopher Morcom, un año mayor que él. Morcom moriría antes de terminar la secundaria por una tuberculosis bovina contraída tras beber leche contaminada. Ante aquel mazazo, la fe de Turing se resquebrajó y decidió que Dios no existía y que quizá solo éramos máquinas biológicas y todo se podría explicar por razonamientos matemáticos, incluidos los procesos cerebrales, los pensamientos, la memoria, el amor. Durante tres años se escribió con la madre de Morcom planteando sus dudas, sus proyectos, sus sentimientos y preguntándole si la mente, en especial la de Christopher, estaría encarnada en materia, y si se habría liberado a través de la muerte. Turing también creyó durante muchos años que tendría que cumplir aquellos sueños que Morcom ya no podría llevar a término. Tendría que vivir su vida y la de Christopher, en homenaje a eso que llamamos amor.

Debido a su poco interés en los clásicos, Turing suspendió varias veces los exámenes finales y no pudo entrar en el centro universitario que era su primera opción: el Trinity College de Cambridge, el Alma Máter de Isaac Newton. Tuvo que conformarse, con la segunda, el King's College, otro magnífico centro de la misma universidad.

En Cambridge, Alan diseñó las llamadas máquinas de Turing, aparatos sencillos capaces de llevar a cabo cualquier

Una de las «Enigma».

cálculo matemático si se les podía presentar en la forma de un algoritmo. Aquellas máquinas eran la herramienta para establecer una asociación triple entre un diagrama de instrucciones lógicas, la forma de trabajar de la mente y una máquina que pudiera tener una forma física práctica. El siguiente paso fue la llamada Máquina Universal de Turing, un diseño flexible que pudiera procesar distintos tipos de instrucciones, distintos tipos de programas. Es decir, aunque estas palabras no habían aparecido todavía, un «*hardware*» que pudiera hacer funcionar distintos programas, distintos tipos de «*software*».

Algunos consideran esto el principio teórico de los computadores, tal como los conocemos en la actualidad.

En 1938 obtuvo el Doctorado en Princeton; en su exposición introdujo el concepto de hipercomputación, en el que ampliaba las máquinas de Turing con las llamadas máquinas oráculo, las cuales permitían el estudio de los problemas para los que no se podía formular una solución algorítmica.

A los 27 años, Turing fue a Bletchley Park, la base militar desde la que los británicos querían descifrar los códigos secretos alemanes. Fue el primer matemático sumado a aquel grupo cuyos miembros venían del ámbito de las Humanidades, junto a campeones de ajedrez, expertos en crucigramas y políglotas. Aquel equipo consiguió quebrar el código «Enigma» y el código «Lorenz» de los submarinos alemanes, detener a Rommel y localizar 56 de las 58 divisiones alemanas antes del desembarco de Normandía, ayudando de manera significativa a la victoria de los aliados en la II Guerra Mundial. Se ha dicho que el trabajo de los «rompecódigos» consiguió acortar la Guerra entre dos y cuatro años. Churchill decía que Bletchley Park era «*el ganso que ponía huevos de oro y nunca cacareaba.*» Allí, Turing aprendió sobre tecnología aplicada, diseñó la máquina «*Bombe*», una máquina electromecánica que fue quizá el primer computador moderno y habló con uno de sus compañeros de «*construir un cerebro*».

En 1942 viaja a los Estados Unidos con distintos proyectos, entre los que estaba un sistema de cifrado para las comunicaciones entre Churchill y Roosevelt. Turing tenía un tono de voz muy agudo, lo que llamamos una voz de pito. En 1943 en los Laboratorios Bell, propiedad de ATT, Turing estaba diseñando sus planes, sus proyectos y en uno de esos momentos mágicos en los que el ruido general de repente se desvanece, se le oyó decir «*No, no estoy interesado en desarrollar un cerebro poderoso. Todo lo que busco es un cerebro mediocre, algo como el del presidente de ATT*». Afortunadamente, no debió llegar a oídos del presidente.

En octubre de 1947 vuelve a Cambridge, cansado de la lentitud para intentar construir ese cerebro artificial. Abandona las matemáticas y se interesa más por la neurociencia y la fisiología. Escribe un artículo, que no se publica en vida del autor, sobre la capacidad de aprendizaje de una red mecánica con suficiente complejidad. Se considera una idea precursora de las redes neuronales artificiales. A nivel personal, Turing seguía asombrando a sus colegas porque iba corriendo, campo a través, a muchas de las reuniones científicas, llegando en ocasiones, antes que aquellos que viajaban en tren.

En 1950, Turing publicó un artículo titulado «*Computing machinery and intelligence*» en la revista Mind. Es valorado como uno de los fundamentos de la inteligencia artificial y de los nuevos conceptos que surgirían según se fuesen desarrollando ordenadores cada vez más potentes. En ese artículo se proponía el test de Turing, que sigue siendo la base para las interfaces hombre-ordenador y busca responder si una máquina puede ser inteligente, o si un interlocutor invisible es una persona o una máquina o para especular si una máquina podría llegar a lograr la elaboración de un pensamiento con sentido. La idea de Turing es que si una máquina se comporta en todos los aspectos de forma inteligente, entonces es que es inteligente.

En 1990 se instituyó el Premio Loebner para ver si un programa informático consigue superar el test de Turing.

La prueba consiste en un desafío. Un juez se sitúa en una habitación y en otra se encuentra el sujeto de estudio, una máquina o un ser humano. El juez debe descubrir, mediante preguntas, si habla con una persona o un ordenador. Los dos pueden mentir. Está dotado con 100.000 dólares y una medalla de oro. Cada año se entrega un premio de consolación (2.000 dólares y una medalla de bronce) para el mejor programa de cada convocatoria. Todavía ningún ordenador ha conseguido llevarse el premio Loebner.

Turing se metió de lleno en las discusiones sobre similitudes y diferencias entre máquinas y cerebros, en la relación entre Biología y Matemática. Le interesaba especialmente la morfogénesis, la aparición de las estructuras celulares y, por ejemplo, estuvo viendo por qué la aparición de hojas en algunas plantas sigue la serie numérica de Fibonacci. Esta serie es una sucesión infinita de números naturales, en la que el primer elemento es 0, el segundo es 1 y cada elemento restante es la suma de los dos anteriores (0, 1, 1, 2, 3, 5, 8, 13…). La razón entre dos números de Fibonacci sucesivos f_{n+1} / f_n se acerca a la relación áurea y ha tenido popularidad en el siglo XX especialmente en el ámbito musical, en el que compositores como Bach (última coral del Arte de la Fuga), Mozart (alguna sonata para piano), Béla Bartók u Olivier Messiaen la han utilizado para la creación de acordes y de nuevas fraseologías musicales.

En enero de 1952, Turing conoció a un muchacho de 19 años a la salida de un cine en Manchester. Después de una comida, le ofreció pasar el fin de semana juntos pero finalmente el joven no apareció. Posteriormente, tuvieron otro encuentro, pasaron el fin de semana juntos y el muchacho ayudó a un cómplice a entrar en casa de Turing y robarle. Turing, amenazado también de chantaje, denunció el hecho en comisaría y en el atestado policial, reconoció su relación homosexual. Ante eso, fue acusado de «*indecencia grave y perversión sexual*», la misma acusación sufrida por Oscar Wilde medio siglo antes. Turing no se defendió ya que consideraba que no «*había nada malo en sus acciones*» y fue condenado, planteándole la opción de escoger entre ingresar en prisión o libertad condicional. Entre las condiciones de esta última era someterse a una castración química mediante inyecciones de estrógenos. Decidió optar por las inyecciones, que se alargaron durante un año y que le produjeron, además de impotencia, profundas secuelas físicas, como el desarrollo de pechos y un importante aumento de peso.

En una carta de esta época a su amigo Norman Routledge, Turing escribió en forma de silogismo una reflexión relacionando el rechazo social que provocaba la homosexualidad con el desafío intelectual que suponía su reto para probar la posibilidad de inteligencia en los ordenadores:

> *Turing cree que las máquinas piensan.*
> *Turing yace con hombres,*
> *luego las máquinas no piensan.*

Dos años después del juicio, Turing fue encontrado muerto por la mujer que limpiaba su casa. Se determinó que había ingerido cianuro y que una manzana a medio comer que había en el suelo había sido el medio para tomar el veneno. Oficialmente fue considerado un suicidio, aunque su madre siempre defendió que había sido un descuido por su dejadez en el manejo de sustancias químicas y también se llegó a hablar de asesinato. Una leyenda urbana dice que el logo de Apple, una manzana mordida, es un recuerdo a Turing, a su trabajo pionero sobre ordenadores y a su modo de suicidarse, algo negado por los responsables de la empresa. También se dice que su suicidio fue un guiño a una de las historias que más había amado en su intensa vida, el cuento de *Blancanieves*.

La Roja

Este término, relativamente nuevo, se ha consolidado para referirnos a la Selección Española de fútbol. Los intentos de nuestros locutores de imitar la costumbre de sus colegas latinoamericanos de poner apodos a los futbolistas no han cuajado. Era un auténtico zoológico con el «Pulpo» Arconada, el «Lobo» Carrasco, el «Conejo» Saviola, el «Piojo» López, el «Buitre» Butragueño, el «Mono» Burgos, el «Toro» Acuña, el «Pato» Abbondanzieri y hasta el «Burrito» Ortega. Con respecto a la Selección, durante mucho tiempo se la denominó la «Furia Española», un nombre animoso pero con preocupantes raíces históricas. En Gran Bretaña, Bélgica y los Países Bajos se llama la Furia Española al saqueo de Amberes en 1576 por soldados españoles amotinados. Antes de que alguno aproveche para criticar a los militares o a los Tercios de Flandes, habría que recordar en descargo de aquellas tropas que llevaban más de dos años sin cobrar y la gente tiene la mala costumbre de querer comer todos los días. Mi admirado Pérez-Reverte lo describiría magníficamente.

Un ejemplo de la Furia Española deportiva fue José María Belausteguigoitia, Belauste. Este bilbaíno, que se licenció en Derecho por mi Universidad de Salamanca, fue un hombre de múltiples facetas: capitán de la selección española, ferviente nacionalista vasco, creyente capaz de ir andando descalzo a Lourdes a rogar por la curación de su esposa, y jugador que se ponía en la cabeza un pañuelo atado en las cuatro esquinas, simplemente porque pensaba que aquello le protegía de la calvicie. Belauste se quedó calvo, su esposa se curó, el PNV le condenó al ostracismo cuando fundó Acción Nacionalista Vasca y el Athletic de Bilbao solo le concedió su insignia de oro y diamantes un año antes de morir en 1964, y eso que había ganado seis veces la Copa. ¡Aúpa Belauste!

Belausteguigoitia fue el capitán de la Selección española en los Juegos Olímpicos de Amberes (1920). En el partido contra Suecia los rivales no se hacían «el sueco», sino que pateaban a todo lo que se movía. Según cuentan, Belauste, indignado por el juego sucio, le pidió la pelota a Sabino Bil-

Retrato de Belauste en sus últimos días como jugador del Athletic.

bao, otro jugador del Athletic, al grito de «*A mí el pelotón, Sabino, que los arrollo*». Sabino obedeció, Belauste controló la pelota con el pecho y se llevó por delante a tres jugadores suecos, al balón y a él mismo, hasta el fondo de la portería. España, que ya no podía optar a la medalla de oro por haber perdido con Bélgica en el partido inicial, ganó la medalla de plata en fútbol en aquellas Olimpiadas.

El 29 de agosto de 2009 la revista New Scientist publicó un artículo titulado «*Winners wear red*», es decir, «Los ganadores visten de rojo», que se hace eco de algunas investigaciones interesantes sobre colores. En algunos deportes olímpicos como la lucha grecorromana, la lucha libre, el taekwondo o el boxeo, un contrincante viste de rojo y el otro de azul, y estos colores se les adjudican de manera aleatoria. En un estudio publicado en la revista Psychological Science, se mostraron vídeos de combates igualados de taekwondo a 42 árbitros experimentados de este deporte. Luego les mostraron los mismos vídeos pero manipulados digitalmente, de manera que el jugador que iba con uniforme azul pasó a tenerlo rojo, y viceversa. Cada jugador recibió un 13% más de puntos de media cuando iba vestido de rojo que cuando iba de azul. Otro estudio, publicado en Nature (435:293), una de las mejores revistas científicas del mundo, analizó los resultados de los deportes de lucha en la Olimpiada de Atenas 2004. Se comprobó que en los combates igualados, el rojo ganó el 62% de las veces, mientras que lo lógico hubiese sido un 50-50%. Los deportistas con uniforme rojo ganaron 16 de 21 rondas. La idea, según el autor, es que «*la habilidad y la fuerza pueden ser los factores principales. Si eres muy malo, una camiseta roja no va a evitar que pierdas, pero cuando los combates son relativamente igualados, el color inclina la balanza.»* En resumen, parece que se juntan varios factores: una preferencia innata y subconsciente por parte de los árbitros por el rojo, un refuerzo del ánimo y el comportamiento de lucha del deportista que viste ese color y un efecto contrario, desánimo y menos combatividad, en su contrincante.

Al contrario de lo que sucede con los deportes olímpicos individuales que acabamos de mencionar, en los deportes colectivos son los equipos quienes eligen el color de su uniforme. Un estudio ha demostrado que en la fase final de la Eurocopa de Fútbol de 2004, los equipos que tenían uno de sus dos uniformes rojo ganaron más partidos y marcaron más goles cuando vistieron de ese color. Otro estudio, publicado en el Journal of Sports Sciences (25:569), ha comprobado que los porteros tenían más confianza en parar los penaltis lanzados por jugadores vestidos de blanco que los lanzados por jugadores con uniforme rojo. De los cinco equipos con mejor recorrido histórico de nuestra liga, tres llevan camisetas con rayas rojas (Barcelona, Athletic de Bilbao y Atlético de Madrid, haciendo la pequeña trampa de asumir el grana como un «rojo especial») y los otros dos, Real Madrid y Valencia, visten de blanco. He localizado una foto del Real Madrid jugando en Kiev en 1973 con camiseta roja (por cierto, ganó la eliminatoria). El pantalón parece que es menos importante porque de los tres equipos de primera división con camisetas de rayas blancas y rojas, el que peor resultado global tiene es el Sporting de Gijón (pantalón rojo), frente al Athletic (pantalón negro) y al Atlético de Madrid (pantalón azul). La revista inglesa NewScientist recuerda que los tres equipos «reds» de la Premier League (Liverpool, Manchester United y Arsenal) han ganado 38 de los 63 títulos de liga desde la II Guerra Mundial (Journal of Sports Science 26: 577),y el 60% de los títulos en juego, un resultado espectacular. Los «Red Socks» (Calcetines Rojos), el equipo de béisbol de Boston, ha sido el de mayor éxito en la última década. No quiere decir que el color de la camiseta o los calcetines sea la explicación última. Es lógico pensar que lo que importa en primer lugar es la calidad de los jugadores, la habilidad del técnico, el trabajo de todos los ayudantes, los presupuestos... pero una pequeña, una mínima ventaja, puede marcar la diferencia entre el éxito y el fracaso en muchos momentos.

El rojo es el color que genera una mayor atención y reacción en las personas. Por eso se usa en las señales de tráfico de peligro o en los extintores, por poner dos ejemplos. Es el color más utilizado en las banderas de todo el mundo. En la Naturaleza, el color rojo se emplea a menudo como señal de dominancia y agresividad. Muchas especies de animales usan el color rojo como una señal de jerarquía y de advertencia a posibles enemigos. En los mandriles, la intensidad del color rojo en el rostro, las nalgas y los genitales va unida a la habilidad para luchar. Según la revista Ethology (111: 25) «*Cuanto más intenso es el rojo de un macho, es mayor su nivel de testosterona y es más agresivo.*» Llevamos más de 2.000 años usando rojo de labios, un cosmético que hace más sensuales y atractivas a las mujeres.

En los diamantes de Gould (*Chloebia gouldiae*), unos pinzones de origen australiano, hay una variante genética con plumas rojas en la cabeza y otra con plumas negras. Los de cabeza roja dominan habitualmente a los de cabeza negra.

Sarah Pryke, una investigadora australiana, decidió estudiar si esa dominancia era algo genético o fruto del aprendizaje. Crió algunos ejemplares de forma aislada e hizo que convivieran con pájaros de ambas variantes. Después les pintó la cabeza del otro color y el resultado fue llamativo: Los pájaros de cabeza roja ganaron siempre, independientemente de su color natural heredado, de la crianza que hubieran tenido, e incluso de su agresividad innata. Si tenían la cabeza roja —natural o pintada—, los otros pájaros no les retaban y les dejaban paso libre en el comedero.

Los estudios científicos arrojan muchos datos interesantes y a veces hablan de estudiantes enfrentándose a exámenes o ligando en un bar, actividades no totalmente desconocidas para ellos y ellas. En un experimento, varios estudiantes voluntarios tuvieron que rellenar un test de inteligencia durante cinco minutos. Cada examen llevaba en una esquina el número del participante escrito en rojo o negro. Aunque parezca mentira, los que tenían un número en rojo obtuvieron menos puntuación. Si veían rojo antes del examen (por ejemplo, si se les entregaba un listado de los requisitos para aprobar en carpetas de ese color), se volvían menos valientes que los que habían recibido una carpeta de otro color. Se sabe que es así porque elegían pruebas más fáciles, aunque éstas contaran menos para la puntuación final, o llamaban menos a la puerta de un laboratorio o un profesor para pedir ayuda. Es como si nuestro cerebro estuviera programado para interpretar el rojo como peligro y alejarnos de él. Pero no en todas las ocasiones. En otro estudio, Andrew Elliot y Daniela Nesta mostraron a varios muchachos fotos de muchachas con un fondo rojo o blanco o con ropa de distintos colores.

Los hombres consideraron más atractivas a las mujeres con fondo rojo o con vestidos o camisetas rojas y mostraron más interés por ellas. Un chico o una chica con ropa roja tenía más posibilidades de captar el interés y ser abordado por alguien del sexo contrario que alguien que vistiera otro color. Puede concluirse, por tanto, que el color rojo genera una respuesta que depende del contexto. En situaciones competitivas significa peligro y fomenta la agresividad o la huída; en situaciones de «cortejo» induce un comportamiento de atracción y aproximación.

Es evidente que nos interesa que la selección de fútbol y todas nuestras selecciones sean para siempre La Roja. Para equipos concretos, puede ser interesante tener un segundo uniforme totalmente rojo, como el Sevilla, el Getafe, ¡o el Alcoyano! Si el color de la camiseta está muy consolidado, nadie va a convencer al Real Madrid o a la canarinha para que cambien sus colores. Sin embargo, merece la pena plantearse la opción de adornar la vestimenta con detalles rojos, como los números, en vez de llevarlos azules o negros. También puede resultar útil usar un fondo rojo en las presentaciones del equipo, en las salas de prensa o en las corbatas del traje oficial. ¡Y quizá prohibirles el rojo cuando salgan por la noche!

No vemos todos los colores con la misma claridad o nitidez, debido a la saturación de los conos y al solapamiento con la visión escotópica de los bastones. En la oscuridad, el verde (y amarillo y azul) es el que destaca más, siendo el rojo el que menos se ve. De hecho, para los relojes de los automóviles, cada vez se utiliza más una luz verde o azul, mientras que de día parece ser al revés y el rojo es color que mejor se ve. Qui-

Dos jóvenes se disponen a besar a un afortunado —que viste de rojo— Santa Claus, mientras que entra a través de una ventana con su bolsa de regalos. [*Library of Congress*, Washington, D.C., USA]

zá por eso evolutivamente han prosperado en la naturaleza las cosas rojas para ser bien vistas, como tantas frutas.

No hay por qué pensar que el efecto del color rojo se limita al ámbito deportivo. Los colores más frecuentes en los logos de las diez empresas que, según la lista Forbes, obtuvieron mayores beneficios en el año 2009 son el rojo (en cinco), el azul (en tres) y el negro (en dos). Hace unos años, el azul era claramente preponderante. Empresas líderes en sus respectivos sectores como Coca-Cola o Toyota tienen un logo completamente rojo. En España, una empresa que ha apostado de forma distintiva por ese color es el Banco Santander. Emilio Botín y todos sus directivos visten habitualmente corbatas y bufandas rojas y hemos visto a Botín usando y regalando una chaqueta roja a Luca di Montemozolo, el presidente de Ferrari, otra empresa que ha hecho del color rojo una seña de éxito. Seguro que el color no es la razón del éxito del Banco de Santander, pero es probable que le haya ayudado para pasar de ser el sexto banco de España al cuarto del Mundo, a ser el segundo en beneficios del mundo y el mejor banco del mundo según la revista «The Banker».

Si con todo esto convenzo a alguno de mis estudiantes de que la ciencia es útil, divertida y necesaria para saber cómo ligar, mejorar la clasificación del equipo de fútbol de nuestros amores e impulsar la economía y la competitividad de nuestras empresas, me pondré rojo, muy rojo de satisfacción.

🕮 PARA LEER MÁS:

- Bacigalupe Sologuestoa, A. (2005) *Belauste. El caballero de la furia*. Ed. Muelle de Uribitarte, Bilbao.
- Elkan, D. (2009) Winners wear red. NewScientist 2723: 42-45.
- *Guía Marca de la Liga 2010.*

Fray Junípero y el autismo

El coche que se para a mi lado lleva un papel blanco pegado en el cristal. De reojo, casi sin fijarme, veo que pone «Se vende» y luego un número «555619745». Miguel también lo ha visto. Va en el asiento de atrás, junto a su madre y le dice: «Mira, se vende un número de teléfono». Miguel no distingue los mensajes implícitos. No comprende las metáforas o que alguien pueda decir algo distinto de lo que piensa. No sabe mentir ni entiende los chistes, tampoco la poesía. El mundo es, para él, un lugar extraño. Miguel tiene autismo.

El autismo fue descubierto en plena Segunda Guerra Mundial en los dos bandos: un psiquiatra norteamericano, Leo Kanner, en 1943 y un pediatra austriaco, Hans Asperger en 1944, identificaron grupos de niños que se relacionaban extrañamente con su familia y con el resto de la sociedad, que se obsesionaban con rutinas y que tenían comportamientos anómalos. Es, por tanto, un trastorno identificado desde hace pocas décadas. Sin embargo, parece que existe desde hace mucho tiempo. Uno de los ejemplos más bonitos se encuentra en *Las florecillas de San Francisco*. Este libro recoge historias, pequeños relatos del santo de Asís y de sus primeros compañeros. Se supone que son casi contemporáneos, transmitidos oralmente y puestos por escrito en el XIII. Uno de estos frailes andarines y mendicantes es Fray Junípero, del que se cuenta, entre muchas otras, la siguiente anécdota:

Uno de los primeros compañeros de San Francisco fue el hermano Junípero, un hombre de profunda humildad. Una vez, atendiendo a un enfermo en Santa María de los Ángeles le preguntó «*¿Te puedo servir de alguna manera?*» El enfermo contestó «*Sería un gran consuelo si me pudieras traer un trozo de jamón*». El hermano Junípero cogió un cuchillo de la cocina y se fue al bosque, donde había muchos cerdos alimentándose. Agarró uno, le cortó una pata y corrió con ella, dejando al gorrino allí. Llegó al convento, lavó la pata y la preparó y cocinó con gran diligencia. Se la llevó al enfermo que la comió con avidez. Mientras tanto, el porquero, que había visto la escena desde lejos, avisó a su señor que, enormemente enojado, fue al convento y empezó a insultar a los monjes, llamándolos hipócritas, mentirosos, ladrones y malvados. «¿Por qué, dijo, le habéis cortado el jamón a mi cerdo?» Con las voces, se reunieron San Francisco y los demás frailes, pidiendo con toda humildad perdón para su hermano. Pero el hombre no se apaciguaba y sin aceptar disculpas o promesas de reparación, se marchó con gran ira. Quedándose los frailes preocupados, San Francisco mandó llamar al hermano Junípero y le preguntó en privado «*¿Has cortado tú la pata a un cerdo en el bosque?*» A lo que el hermano Junípero contestó alegremente, no como alguien que hubiese cometido una falta, sino creyendo que había hecho un gran acto de bondad «*Es cierto, dulce padre, que le corté un jamón al cerdo. Fue por caridad hacia un hermano que está enfermo*» Y relató toda la historia. San Francisco, con gran celo por la justicia y gran amargura en su corazón, le contestó

«Oh, hermano Junípero, ¿por qué has dado tan gran escándalo? Ya veo que no era sin razón que ese hombre se quejaba y tenía tan gran enfado. Quizá ahora está en la ciudad hablando a todos mal de nosotros, y con buen motivo. Por ello, te ordeno por sagrada obediencia, que le busques hasta que le encuentres, que te arrodilles ante él y confieses tu falta, y le prometas una satisfacción completa de forma que él no tenga razón para quejarse de nosotros por esta afrenta.» Ante estas palabras, el hermano Junípero estaba asombrado, sorprendido de que alguien se pudiese enfadar por un acto tan caritativo. Se puso en camino hasta que encontró al hombre, que seguía enormemente irritado, le dijo la razón por la que había cortado la pata al cerdo, con tal fervor, exaltación y alegría, como si le estuviera explicando un gran beneficio que le había hecho y por lo que merecía ser altamente recompensado. El hombre cada vez estaba más y más furioso con este discurso y le llenaba de insultos llamándole loco fantasioso y ladrón malvado. El hermano Junípero, que se sorprendía de los insultos, no hacía caso de aquellas voces y le repetía una y otra vez la historia, con tal caridad, simplicidad y humildad que el corazón del hombre cambió. Se echó a los pies de Junípero, reconociendo con muchas lágrimas los insultos y daños que le había hecho a él y a su Comunidad. Marchó, sacrificó el cerdo moribundo y lo destazó, llevándolo a Santa María de los Ángeles.

El caso de Fray Junípero ejemplifica algunas de las condiciones que se ven en las personas con autismo. No entienden los usos sociales. No piensan en la imagen o en la respuesta que sus actos pueden causar en otras personas. Las jerarquías, las clases sociales, el respeto a los mayores, las distintas situaciones de la vida cotidiana, conocidos y desconocidos, posibles amigos o posibles agresores, las variables a las que incluso un niño pequeño se adapta con rapidez, no son comprensibles para ellos. A Miguel le gustan los relojes. No tiene reparos en agarrar el brazo a alguien que pasa por la calle, levantarle la manga y mirar el reloj que lleva. A Junípero tuvieron que prohibirle severamente que regalara sus ropas y se quedase desnudo aunque fuese por caridad a los pobres. Junípero contesta lo mismo una y otra vez, sin percatarse del enfado creciente del propietario del cerdo. Es la misma pregunta y contesta con la misma respuesta. Junípero y Miguel no saben interpretar la entonación o los gestos que acompañan a las palabras. Para Miguel, el mensaje es el mismo si su madre le dice «ven» agachada, sonriendo y con los brazos extendidos que si le dice «ven» con los brazos en jarras y el ceño fruncido. Miguel y Junípero tienen un aspecto normal, muchos autistas son guapos. No los distinguimos físicamente. Por eso, para mucha gente son excéntricos, maleducados, chalados. Pero no son eso, son niños y adultos con una discapacidad para la vida social. Todos nos ajustamos con rapidez a un niño con síndrome de Down. A la madre de un niño con autismo le recomiendan frecuentemente que le dé «unos buenos azotes» y le «enseñe a comportarse».

Miguel tiene una forma extraña de juego. No usa la imaginación para jugar. No convierte una caja en un camión o un plátano en una pistola. Tampoco adopta el papel de otra «persona», jugar a ser otro, regañar a los muñecos o bañarlos y hacerles la cena. En vez de hacer carreras con un cochecito, se limita a cogerlo, olerlo o girar las ruedas durante horas. Les encanta ver girar algo, los movimientos repetidos. Los ciudadanos de Roma también se quedaron sorprendidos cuando fueron a recibir a Fray Junípero que venía de peregrinación. Él no prestó ninguna atención a la comitiva que le esperaba y fijó su curiosidad en un serrucho y unos troncos que había allí. Horas después, cuando hacía ya un buen rato que la multitud asombrada se había ido a sus casas, dejó de serrar, un típico movimiento repetitivo, y siguió su camino.

Cada vez sabemos más sobre el autismo. Hay una predisposición genética, una herencia familiar pero no se ha encontrado un «gen del autismo». Es una condición multigénica, con al menos quince genes involucrados, que darían mayor o menor propensión a desarrollar este trastorno. No es casualidad que Junípero y Miguel sean hombres. La proporción de niños a niñas es al menos de 3 a 1. Por lo tanto, debe haber también parte de esa herencia que va ligada al sexo. Tras esa predisposición genética, algo va mal en el desarrollo cerebral prenatal. Hay cambios sutiles, difíciles de detectar, en la estructura cerebral. Eso tiene que ser el sustrato para este trastorno de la sociabilidad. Los comportamientos afectados se reúnen en tres grandes apartados, lo que se ha llamado la tríada del autismo:

1. Dificultades en la comunicación.
2. Dificultades para la interacción social.
3. Dificultades con la imaginación y el lenguaje interno.

Muchas personas con autismo no tienen capacidad de abstracción y pueden manejar un listado interminable y desestructurado de detalles, resultándoles difícil separar lo importante de lo accesorio. No usan categorías sino una lista de casos individuales. Por otro lado, muchos niños con autismo tienen una respuesta anormal a las sensaciones. Algo que para otro niño es normal, como las luces intensas de un comercio o los ruidos de la vida normal en una ciudad, pueden resultar estresantes o difíciles de soportar para ellos.

Se ha dicho que les falta una «teoría de la mente». No consiguen identificar lo que la otra persona puede estar pensando o sintiendo. Tienen falta de flexibilidad mental, lo que les condiciona a exhibir un rango restringido de conductas. Un grupo pequeño de personas con autismo muestran una capacidad extraordinaria para la música, la pintura o el cálculo aritmético (acertar en qué día de la semana caerá el 4 de diciembre de 2035) pero en la mayoría de los casos no es así. De hecho, un porcentaje importante, hasta el 75%, muestra un grado moderado o grave de discapacidad intelectual.

Viendo un niño con autismo, vemos lo duro que es este trastorno en una especie social como la nuestra. Nuestra felicidad va ligada a la amistad, a hacer el bien a otros, a compartir, a expresar y entender sentimientos y todas esas cosas son difíciles para una persona con autismo.

El autismo aparece por todo el mundo, en familias de todas las clases sociales y de todos los tipos raciales. En los últimos años el aumento de diagnósticos de trastornos del espectro autista ha sido espectacular. No sabemos si se debe a un mayor conocimiento y concienciación o a que estamos viviendo una auténtica epidemia de autismo. Hay muchas cosas, por tanto, que no sabemos todavía del autismo. No sabemos por qué surge. Se piensa que puede haber un desencadenante ambiental, pero no se ha conseguido identificar. No tenemos un marcador de autismo. El diagnóstico se hace identificando comportamientos anómalos, lo que es un proceso laborioso, complejo y plagado de errores y dificultades. Necesitamos también modelos animales (no existe un ratón con autismo). Necesitamos un claro perfil genético del autismo que nos permita dar consejo a las familias afectadas.

La madre de Miguel está orgullosa de él. No es fácil criar a un niño que tiene una discapacidad, pero Miguel mejora, se esfuerza, y es su hijo. No es cierto que no sepa expresar sentimientos, no es cierto que no quiera tener amigos, no es cierto que si quisiera podría hacer las cosas bien. La madre de Miguel también está orgullosa de sí misma. Pelea porque se adapte a la escuela y la escuela se adapte a él. Pelea porque sea capaz de moverse en ambientes más variados y desarrollar una cierta vida social. A Miguel le gustan las rutinas y puede tener una rabieta si se alteran cosas como el orden de las tareas, el camino para ir al colegio, o el lugar donde dejó su cepillo de dientes. Pero también hay momentos divertidos. A su madre le dice «no toques la cazuela» y ella le dice «lentejas». Ha asociado las palabras de su madre cuando él llegaba del colegio a la cocina y quería saber qué había para comer y se ponía a levantar tapaderas. Los compañeros de Junípero también compartían con él trastadas, esperanzas y alegrías. Un día, Junípero había cocinado toda la comida de la despensa, sin darse cuenta de que la mayor parte se echaría a perder. En vez de estar arrepentido, se fijó en que el Padre Superior se había lastimado la garganta de tanto gritarle. Así que pensó que unos copos de avena caliente en leche, unas gachas, le sentarían bien. Después de mucho esfuerzo, consiguió harina de avena, la cocinó y le llevó las gachas. Pero como ya era en mitad de la noche, éste se negó a salir de la cama. Al final, Junípero aceptó su rechazo a comérselo, pero le dijo que viniera y le sujetara una vela para que se las pudiera comer él. El Superior no lo pudo resistir, admirado «*de su piedad y simplicidad*», se levantó y compartieron la comida en mitad de la oscuridad.

La madre de Miguel también sabe que hace unos años habría sido todo mucho más difícil. No solo tenía que adaptarse a una discapacidad sino que le dirían que ella era responsable, que tenía autismo porque no le había querido lo suficiente cuando era un bebé. No solo tenía una discapacidad sino que sería ella la culpable, las madres que habían sido gélidas con sus hijos, las «madres frigorífico». El supuesto tratamiento era recuperar el vínculo emocional dándole los abrazos que no le había dado de bebé. Para ello, la madre tenía que sujetar por la fuerza y abrazar al niño que pataleaba y se revolvía. Era un esfuerzo físico y emocional agotador. Tras media hora, los dos extenuados lo dejaban sin haber conseguido más que nuevo sufrimiento. También se ha puesto como posible culpable a las vacunas de la infancia. El diagnóstico suele ser próximo a la administración de la vacuna triple vírica. Los estudios científicos han demostrado que esa hipótesis no es cierta; sin embargo, hay familias que no vacunan a sus hijos por miedo a que desarrollen autismo. Ello ha hecho que se hayan visto casos de enfermedades erradicadas en países desarrollados, como nuevos casos de polio en Gran Bretaña entre niños no vacunados. Hay también cantidad de tratamientos milagrosos que explotan la credulidad y el amor de los padres a sus hijos. Tragedias grandes y pequeñas por culpa de la ignorancia científica. Lo que mejor funciona para estos niños, como para los demás, es el aprendizaje, el cariño y la educación. Fray Junípero nos ayuda a entender lo que es el autismo. Ahora debemos impulsar la investigación para conocer más sobre los trastornos del espectro autista, su origen, su desarrollo y sus posibles tratamientos. Si no podemos curarlo, que podamos paliarlo. El maestro de Junípero, su amado Francisco de Asís, nos da un mensaje sobre el camino a seguir: «*empezar por hacer lo necesario, a continuación haremos lo que es posible y, de repente, estaremos haciendo lo que parecía imposible.*»

📖 PARA LEER MÁS:

- Alonso, J.R. (2004) *Autismo y síndrome de Asperger: Guía para familiares, amigos y profesionales.* Ed. Amarú, Salamanca.
- Anónimo. (1913) *Fioretti di San Francesco d'Assisi. Catholic Encyclopedia.* Robert Appleton Company, Nueva York.
- Baron-Cohen, S. y S. Bolton (1993) *Autism: The facts.* Oxford University Press, Nueva York.
- Fombonne, E. (1999). The epidemiology of autism: A review. Psychol. Med. 29: 769-786.
- Frith, U. (2003) *Autism. Explaining the enigma. Blackwell Publishing,* Malden (MA), Estados Unidos